AF395873

LA VÉRITÉ

SUR

LA QUESTION DES CANAUX.

SUITE

DES ÉTUDES PRATIQUES

SUR

LA NAVIGATION

INTÉRIEURE.

Par François AULAGNIER.

————⋙⋘————

Paris,

IMPRIMERIE DE MADAME DE LACOMBE,
12, RUE D'ENGHIEN.

1844.

TABLE

DES MATIÈRES.

« **Les faits et les chiffres produits dans cet écrit se trouvant un peu**
» **entassés, en vue de laconisme, on y supplée par une table des**
» **matières détaillée.** »

Notes additionnelles.

LA VÉRITÉ

SUR

LA QUESTION DES CANAUX.

EXPOSÉ.

Il y a bientôt dix ans que des tiraillemens se produisent entre l'Administration et les Compagnies des canaux de 1821 et 1822. Il y a dix ans que l'Administration élude les stipulations légales du traité de 1821, fait avec la Compagnie du canal du Rhône au Rhin, car aucune des stipulations, mentionnées aux articles 5, 10 et 11 de la loi du 5 août (1), n'a encore été accomplie par l'Administration, malgré les instances réitérées de la Compagnie.

Il y a trois années, qu'à chaque session législative, le Gouvernement représente aux Chambres un projet de loi de rachat, par expropriation, des actions de jouissance mises en circulation en vertu des soumissions pour les canaux de 1821 et 1822, sans que ce projet ait encore pu être converti en loi. — Mais cette persistance dans la reproduction de la mesure indique, l'importance que l'Administration attache à sa réalisation, et explique sa conduite illégale envers la Compagnie du canal du Rhône au Rhin.

Si le bien public eût été le but réel de cette ligne de conduite; si ce bien n'eût pu s'obtenir que par le sacrifice de quelques intérêts privés, j'eusse re-

(1) Art. 5. Les produits de chaque mois seront versés à la caisse de la Compagnie.

Art. 10. *Il sera fait*, d'accord entre l'Administration et la Compagnie, un règlement qui « déterminera le mode de l'administration du canal en général et de la perception de ses revenus; » les formes de la comptabilité, tant en recette qu'en dépense; la surveillance et le contrôle que » la Compagnie exercera sur les revenus, sur les dépenses et sur la comptabilité ; le concours de » la Compagnie dans les nominations des percepteurs et des contrôleurs des revenus du ca » nal, etc., etc. »

Art. 11. Toutes contestations qui pourraient s'élever, ainsi que le règlement à intervenir, seront interprétés dans le sens le plus favorable à la Compagnie.

gretté, peut-être, cette nécessité sociale qui m'atteignait comme actionnaire d'une concession de 1822 ; je l'eusse néanmoins acceptée sans me
plaindre.

Mais de prime abord le cas m'a paru différent ; l'agression, qui date de
1826, mais qui se démasquait en 1835, m'a semblé insensée et impolitique ;
lésant bien davantage les intérêts généraux du pays que les intérêts privés
qu'elle était censée leur immoler ; mettant en question la moralité de la nation française et celle de son gouvernement ; s'attaquant enfin, mais en apparence, à de simples intérêts privés, lorsqu'elle tenait réellement en souffrance d'immenses intérêts généraux.

Ces craintes ayant été *complètement* justifiées par *l'étude pratique* des voies
navigables à laquelle je me livre, sans discontinuer, depuis neuf ans, j'ai
cherché à faire passer ma conviction dans l'esprit des législatures auxquelles
j'ai successivement distribué les publications que j'ai faites ; grâces à ces
publications et aux discussions qui ont eu lieu dans les deux Chambres,
la question a beaucoup marché ; elle commence à être comprise ! ! !

Toutefois, les intérêts qui se rattachent à cette question demeurent
en souffrance ; le titre dénommé *action de jouissance*, qui représente les
concessions que le Gouvernement veut exproprier, qu'il veut racheter, *parce
qu'il regrette et trouve trop belle la part qui a été faite aux titulaires* ; cette action se déprécie de plus en plus, elle devient *invendable* (1).

Et ces canaux, sur le produit desquels repose la valeur de cette action de
jouissance ; ces canaux restent improductifs, parce que les taxes qui y ont
été provisoirement assises, sont mal combinées ; surtout, parce que les voies
elles-mêmes sont imparfaites, inachevées, sans liaison uniforme avec les fleuves et les rivières qu'elles relient, et, en outre, fort mal administrées. Par
tous ces motifs le commerce s'en sert fort peu, ou il ne s'en sert que pour
les transports qui ne peuvent se faire autrement ; quant à ceux qui de-

(1) Je n'attache aucune importance aux cours cotés pour les actions de jouissance, à la Bourse
de Paris ; les principaux détenteurs menacés d'un rachat à vil prix par les poursuites *insensées* de
l'Administration, cherchent un parachûte dans les cours authentiques de la Bourse ; ils vendent
d'une main quelques actions isolées et les rachètent de l'autre, telle est du moins ma ferme opinion, car quel est le capitaliste prudent qui voudrait acheter aujourd'hui un titre, que le Gouvernement, la presse, et les populations riveraines des canaux, ont mis en quelque sorte à l'*in-
dex* ?... Voici, au reste, une preuve à l'appui de cette opinion : Les actions de jouissance du canal
de Bourgogne sont cotées, à la Bourse de Paris, à 105 fr., prix qui est plus que justifié par les
produits actuels si différens de ceux qu'on peut attendre. Les actions des 4 canaux, là où il n'y a
aucun revenu, mais à l'égard desquels canaux il y a, toutefois, les mêmes chances d'amélioration
que pour le canal de Bourgogne, ces actions sont cotées 145 francs ! ! !

mandent sécurité, régularité, et quelque peu de vitesse, on leur préfère les routes de terre qui sont deux et trois fois plus coûteuses ; et la France, ce pays si bien doté par la nature, pour sa navigation intérieure, reste à une grande distance des autres pays, moins bien partagés et qui ne sont entrés qu'un siècle après elle dans le système de la canalisation intérieure !!! Ce sont ces tristes vérités déjà dévoilées dans mes précédens écrits, sans qu'on ait cherché à les réfuter ou à y faire droit, que je vais mettre encore sous les yeux des Chambres et du pays, et cela, à l'occasion de nouvelles études pratiques que j'ai faites en 1842 et en 1843 dans le midi et à l'est de la France, en Suisse et en Allemagne.

Ces études se rattachent d'ailleurs à une ordonnance de rehaussement de taxes concernant le canal du Rhône au Rhin, qui a été mise en vigueur en juin 1843, ordonnance qui a soulevé des réclamations aussi vives que mal fondées. Conséquemment, mes travaux auront un mérite d'à-propos que n'ont pu avoir les précédens ; puis, à force de travailler le même sujet, je suis parvenu à le posséder de manière à présenter ces questions *ardues* sous un jour tellement clair, tellement positif, que je dois être compris ! ! Et ce qui, pardessus toutes choses, doit me captiver le suffrage des hommes de bien, c'est le cachet imprimé à mon œuvre : *la vérité, sans acception d'intérêts, de lieux ou de personnes ;* la vérité dite sans autre ménagement que celui des convenances et dans le but principal d'être utile à la chose publique, à laquelle je subordonne entièrement mon intérêt privé.

Paris, Mars 1844.

ANALYSE INTRODUCTIVE

DE CET ÉCRIT.

———

Les membres des deux Chambres sont accablés de travaux et ont rarement le temps de lire en entier les documens qu'on leur distribue; pour suppléer à cet inconvénient, je place en tête de mon écrit l'analyse des faits qui y sont développés et des conséquences que j'en tire.

Mes publications de 1841 et 1842, embrassaient les voies fluides du Centre, de l'Est et du Nord de la France ; les principales voies de la Belgique ; la grande ligne navigable de Londres à Liverpool et quelques comparaisons pratiques entre les canaux et les chemins de fer de ces divers pays.

Depuis lors, j'ai exploré les voies naturelles et artificielles du Midi de la France; étudié la navigation naturelle de la Suisse, par rapport au flottage de ses sapins ; comparé ses transports par roulage aux transports concurrentiels qui peuvent se faire par les canaux, fleuves et rivières français qui relient le Rhin à la Méditerranée.

Les différens chapitres de cette publication nouvelle , traiteront avec précision des points que je viens d'indiquer. Les détails et les chiffres étaient surtout nécessaires pour prouver à tous ceux que ces grandes questions intéressent, que j'ai étudié la chose à fond, et que les résultats que je vais présenter sont mathématiques et par conséquent irrécusables.

Après avoir démontré combien la France était richement dotée en voies navigables par la nature et par l'art , je présente le tableau du mouvement de circulation, en 1841, des sept principaux fleuves et rivières de ce royaume, tableau que j'ai composé d'après la comptabilité du ministère des finances.

Le résumé de ce travail est la constatation d'une circulation générale de près de quatre millions de tonnes de mille kilogrammes qui sont censées parcourir ces voies dans leur principal développement, et qui paient un péage moyen *d'environ trois centimes* par myriamètre de parcours.

L'importance de ce mouvement de circulation rapprochée de l'exiguité de la taxe (on paie, en moyenne, 17 centimes 2|5 pour le flottage sur le Rhin, en Suisse et dans le duché de Bade, là où le fleuve coule sans entretien ni amélioration quelconques), prouve d'abord, *qu'aucun autre mode de transport ne peut être substitué* à celui dont nos cours d'eau *naturels* offrent le moyen ; puis, que le Gouvernement a un immense intérêt à introduire dans le régime de ces cours d'eau tous les perfectionnemens dont ils sont susceptibles, car les frais de halage y varient de 8 à 75 centimes, selon les élémens plus ou moins favorables de leur circulation. (8 centimes, c'est le coût du halage à la remonte sur l'Escaut, 75 centimes sur le Rhône.)

Il ressort du tableau susmentionné, que la Garonne, de Toulouse à Bordeaux, ne donne passage qu'à 168,000 tonnes, lorsque le mouvement du Rhône, de Lyon à Arles, est de 338,000. — Et on verra dans les chapitres spéciaux à ces voies, que le transport sur le Rhône coûte moyennement le double de celui qu'on paie sur la Garonne, où il s'effectue avec la même célérité que sur le Rhône, bien que dans mes calculs, pour la moyenne du Rhône, j'aie fait entrer la rapidité de la vapeur.

Or, tandis que le Gouvernement ne fait rien d'important pour améliorer la navigation du Rhône, il creuse maintenant un canal latéral à cette belle Garonne, canal qui coûtera plus de 50 millions et *qui sera fort peu utile*. (Voir le chapitre *Garonne*.)

La même prodigalité se reproduit à l'égard du port de Cette, qui est placé au-dessous de l'embouchure du Rhône qui l'obstrue de ses sables. On prodigue les millions pour l'améliorer ou en augmenter l'étendue, et ces dépenses, la mer les engloutira tôt ou tard.

Et tandis que, sous le rapport de l'art, on peut mettre de pareilles fautes en évidence ; sous le rapport financier, j'en dévoile d'aussi funestes.

Ainsi, depuis 1835, on négocie avec les Compagnies concessionnaires et soumissionnaires des canaux de 1821 et 1822, pour en obtenir des réductions de taxes. Le canal du Midi qui effectue des transports considérables et avantageux au commerce, avec une taxe maximum de 80 centimes le myriamètre, a consenti cependant à abaisser cette taxe à 60 centimes (1); *toutes les Compagnies de 1821 et 1822 l'eussent imité si le Gouvernement eût borné là ses prétentions.* (Il voulait l'abaissement de 88 centimes à 40 du maximum des tarifs de 1821 et 1822, et *c'est 40 centimes qu'il a fait appliquer au canal de Bourgogne le plus économique à naviguer d'entre tous.*) Eh bien ! sous l'empire d'une taxe à 60 centimes, avec les frais de navigation *expérimentés* sur la ligne des canaux du Midi, on pourrait de Marseille, Bouc et Cette, effectuer jusqu'à Bâle, en Suisse, des transports surs et réguliers au quart du prix auquel ils se pratiquent au travers des Alpes et de la Suisse, moyen qu'on préfère à la voie fluide française. Et ce qui frappera encore plus les esprits, est ce fait : *que tous les droits de navigation, depuis Bouc et Cette jusqu'à Bâle, ne s'élèvent pas même à 20 francs la tonne ; cette tonne qui paie un prix de transport moyen de 259 francs, de Trieste et Gênes à Bâle !!*

Après un pareil exemple, *dont je déduis toutes les preuves dans mes chapi-*

____

(1) Après l'achèvement complet du canal latéral à la Garonne.

tres spéciaux, osera-t-on encore égarer l'opinion publique , tromper tous les intérêts nationaux, en attribuant aux droits de navigation le mal qui résulte entièrement du mauvais vouloir de l'Administration des Ponts-et-Chaussées contre les Compagnies qui ont soumissionné les canaux de 1821 et 1822.

Mais c'est surtout le chapitre consacré à la question des sapins qui révèle dans toute sa nudité la déplorable direction donnée depuis quelques années à l'économie de notre navigation intérieure.

Sans égard pour la taxe légale de 1821, pour les bois (30 *centimes le stère, en moyenne, par myriamètre*), on en introduisit une autre, par ordonnance de 1826, sur le canal du Rhône au Rhin, qui taxait ces bois à 4 centimes le stère par myriamètre (4 centimes au lieu de 30), et cela au moment où une voie nouvelle, construite à coups de millions, ouvrait un immense débouché jusqu'au cœur de la France, aux forêts du grand duché de Bade, de l'Autriche et de la Suisse. Qu'en est-il résulté? Une importation immense qui a occasionné des dégradations énormes au canal, des entraves incessantes à sa circulation, qui a provoqué le gaspillage des bois en Allemagne, en même temps qu'une hausse considérable dans le prix de ces bois (1).

Aussi, lorsque l'ordonnance de juin 1843 eut relevé les droits de 4 centimes le stère à 30 centimes la tonne par myriamètre , il y avait en France un approvisionnement tel, que cette hausse de taxe a été insensible sur la plupart de nos marchés et qu'elle n'a eu d'autre effet sur le prix des bois, que de le ramener sur le principal lieu de transactions (Waldshut) à ce qu'il était en 1839 !! Cette reculade qui s'élève à fr. 7, la tonne, suivant mes calculs, est plus forte que l'augmentation des droits (6 francs). Mais elle n'a pu exercer aucune influence sur les marchés français, car le trop plein qui y existait, au moment où l'ordonnance a été rendue, a fait suspendre ou sensiblement diminuer, les nouvelles expéditions des lieux de production.

Le canal du Rhône au Rhin a été ouvert de 1833 à 1843 à la circulation *presque gratuite* des sapins , c'est onze années. J'ai dépouillé au ministère des finances les bulletins de perception du canal pour les années 1838, 1839, 1841 et 1842; j'ai obtenu à Bâle le chiffre de l'importation des bois par le canal pour les autres années, et il est résulté de ce travail un chiffre de 727,860 tonnes de bois , ramené au parcours du Rhin à la Saône (255 kilomètres). La différence de perception de 4 centimes le stère, à 30 centimes la tonne, s'élève à plus de quatre millions de francs sur le tonnage sus-indiqué. — Perte sèche pour le Trésor, perte accrue de tous les autres dommages et corollaires que j'ai signalés plus haut et que je rappellerai encore au chapitre spécial des bois étrangers.

Est-ce là de la bonne administration?

Mais je vais pousser plus loin cette question.

Est-ce bien administrer un pays que de pousser à la destruction d'un im-

---

(1) La tonne de bois a haussé de 43 fr. à 54 fr., (soit 11 francs) de 1835 à 1842 sur les principaux marchés (Lindau et Waldshut).

pôt *rémunérateur* tel que celui qui est assis sur les voies fluides, qui n'est payé que par ceux qui usent du moyen, *à leur profit*, impôt qui permet, *non-obstant*, un transport *des deux tiers* meilleur marché que celui qui se pratique par la voie de terre ; tandis qu'on est obligé de maintenir l'impôt sur le sel, de 28 francs l'hectolitre, pour la denrée du pauvre, du cultivateur, denrée qui se vend de 1 fr. 50 c. à 2 fr. 50 c. le même hectolitre, sur nos marais salans ?

Est-ce bien administrer un pays que de pousser à l'avilissement des tarifs au profit des monopoles qui se sont organisés autour des nouvelles voies navigables ; en faveur de ces monopoles qui existent au détriment des conditions premières de l'établissement des voies elles-mêmes, et qui font obstacle à la création d'usines nouvelles qui pourraient se constituer sous des conditions de roulement mieux combinées que les anciennes, à l'imitation de ce qu'on voit en Angleterre et en Belgique ?

Est-ce bien administrer un pays que de chercher à faire prévaloir des opinions contraires à ses intérêts comme à la vérité ; car tandis qu'on persuadait faussement au pays que les vices de circulation des canaux étaient dans les taxes et non point ailleurs ; la vérité, *vérité encore évidente aujourd'hui*, était diamétralement contraire, car le vice de circulation est dans les voies et non point dans les taxes qui sont toutes réduites, et tandis qu'on propageait l'erreur, à coup sûr on ne songeait pas à emédier au mal ; à peine s'en occupe-t-on aujourd'hui.

Enfin, est-ce bien administrer un pays, lorsqu'après 10 années d'ouverture des 5 meilleurs canaux de 1821 et 1822, on leur fait produire 43 *centimes de revenu net et annuel pour cent francs* de leur coût de construction, pendant qu'on peut opposer cinq canaux anglais produisant, pour la même année, *trente-quatre pour cent* de leur capital de création ? (*Voir le tableau annexé à l'écrit.*)

C'est aux bons citoyens, à ceux qui placent la prospérité du pays au-dessus de leurs intérêts privés, que je laisserai résoudre les questions que je viens de poser.

C'est à ces bons citoyens que je recommande la lecture des chapitres spéciaux qui vont suivre et dont les lignes qui précèdent ne sont qu'une analyse succincte et très incomplète.

QUELQUES CONSIDÉRATIONS GÉNÉRALES

SUR LES VOIES NAVIGABLES DE LA FRANCE,

ET NOTAMMENT

sur ses Fleuves et Rivières.

De tous les pays de l'Europe, la France est celui que la Providence a le mieux doté, quant aux fleuves et aux rivières qui arrosent son territoire et qui établissent une communication facile et économique entre ses diverses provinces et avec les mers qui baignent ses côtes.

De temps immémorial, une navigation active s'est établie sur ces cours d'eau naturels. Strabon le signale dans sa description des Gaules. Mais ce n'est que depuis deux siècles que l'on a songé à réunir entre eux, par des canaux à point de partage, ces fleuves et rivières qui s'écoulent dans des directions opposées.

Ainsi, en 1642, eut lieu la réunion de la Seine à la Loire par l'ouverture du canal de Briare ; en 1680, Riquet eut la gloire de terminer le canal qui réunit le Rhône à la Garonne et qu'on appela alors, *Canal des Deux-Mers*, parce que l'œuvre de Riquet aboutissait à Cette sur la Méditerranée, et qu'elle n'a été poussée jusqu'au Rhône que long-temps après, au moyen des canaux des Étangs et de Beaucaire.

Vers la fin du siècle dernier, on commença : 1° la jonction de la Seine au Rhône par le canal de Bourgogne ; 2° une deuxième jonction de la Seine à la Loire par le canal du Nivernais ; 3° la jonction de la Loire au Rhône par le canal du Centre ; 4° celle du Rhône au Rhin par le canal de ce nom ; 5° et enfin, la jonction de l'Escaut à la Seine, par les canaux de Saint-Quentin et Crozat.

Tous ces grands travaux qui datent du siècle dernier, suspendus par la tourmente révolutionnaire, furent un moment repris sous Napoléon, mais il n'acheva qu'à peu près, le seul canal de Saint-Quentin. Ce fut aux emprunts constitués par les lois de 1821 et 1822 qu'on dut l'achèvement de ces utiles entreprises ; car, lors même que les emprunts eussent été insuffisans, l'impulsion était donnée, et il fallut marcher jusqu'à fin d'œuvre à l'aide des subsides votés par les Chambres.

Pendant qu'on s'acheminait vers cette solution, lentement il est vrai, une autre jonction de rivières, à cours opposés, fut l'œuvre d'une compagnie qui la commença en 1833 ; la jonction de la Sambre à l'Oise, œuvre éminemment utile, quoiqu'elle n'ait encore porté que peu de fruits.

Cette ligne navigable ouvre à la consommation de Paris le bassin houiller de Charleroi (en Belgique) par une voie plus facile et moins encombrée que la ligne de l'Escaut ; plus tard, elle sera reliée avec le bassin houiller de Mons, dont les charbons sont meilleurs et plus variés que ceux de Charleroi.

2

Je ne citerai ici, que pour mémoire, les canaux latéraux à la Loire de Roanne à Briare et le canal du Berry ; les uns créés pour suppléer aux vicissitudes de la Loire, fleuve tellement variable dans sa partie supérieure, que je considère sa navigation comme devant être anéantie par celle des canaux latéraux, et cela au grand avantage du pays et des populations riveraines.

Quant au canal du Berry, qui part de l'Aubois et débouche au-delà de Tours, avec ramification au Midi jusqu'à Montluçon, c'est un redressement du circuit que décrit la Loire dans son parcours entre ces deux points.

Le canal en voie d'exécution, qui réunira la Marne au Rhin, et celui qu'on creuse latéralement à la Garonne, sont d'une utilité très douteuse ; mais considérés dans l'ensemble des voies artificielles qui relient nos voies naturelles, ces canaux ne laissent pas que d'enrichir le réseau déjà admirable de la navigation intérieure de la France.

Tous ces canaux successivement entrepris depuis deux siècles, ont été exécutés (Berry excepté) dans le système de la grande navigation ; c'est-à-dire, qu'ils peuvent donner passage à des bateaux contenant environ 150 tonnes de mille kilogrammes (3,000 quintaux poids de marc), tandis que le réseau de la canalisation anglaise, qui a cependant valu à ce royaume le développement rapide de son industrie et la création de son système d'association, n'est construit qu'à petite section, ne comporte que des chargemens moyens de 50 tonnes (1,000 quintaux poids de marc).

On saisira facilement l'avantage du système de grande navigation sur la petite, le même chargement de 150 et 50 tonnes exigeant, à peu près, la même dépense de locomotion ; les seuls avantages qui militaient pour la petite section, étaient : économie d'établissement, plus de facilité pour l'exécution et l'alimentation, et, enfin, une circulation plus rapide pour la petite navigation que pour la grande.

Il n'est pas moins vrai que le système de grande navigation qui, incontestablement est le plus avantageux, étant pour la France un fait accompli, il ne s'agit plus maintenant que d'examiner, si ce beau système se trouve en harmonie avec le régime *naturel* des fleuves et des rivières, que les voies artificielles ont eu pour but immédiat de réunir.

Je ne pose cette question que pour mieux faire comprendre, qu'il n'en est malheureusement point ainsi et qu'il n'en peut être ainsi.

Les cours d'eau naturels suivent les phases des saisons ; les uns sont alimentés par la fonte des glaces plus abondante l'été que l'hiver ; les autres, tout au contraire, enflés par les pluies de l'hiver et du printemps, sont desséchés par les chaleurs de l'été.

Lorsqu'on pensa à relier nos cours d'eau naturels par des voies artificielles, il eût donc été rationnel de s'occuper simultanément d'introduire dans le régime des cours d'eau naturels, autant d'analogie que possible avec le régime des canaux.

Je m'empresse de reconnaître que la tâche était difficile, sinon impossible, et que, dans tous les cas, elle devait entraîner le Gouvernement en des dépenses considérables.

TABLEAU du mouvement de circulation et de son produit, en 1841, des fleuves et rivières ci-après mentionnés.

Observations générales.

Le tonnage est ramené au parcours du développement indiqué, des rivières qu'il concerne. Le parcours *réel* de la marchandise ne pouvait se déduire de la comptabilité du Trésor, où le tonnage est ramené à un myria-mètre parcouru. La réalité des faits impliquerait un tonnage plus considérable que celui du tableau, la marchandise ne fournissant, souvent, qu'une partie du parcours principal; ainsi, sur certains points de la Garonne, du Rhône, de la Saône et de l'Escaut, le tonnage réel est, peut-être, le double de celui ramené au parcours principal. Sur l'Yonne, la Seine et l'Oise, tout au contraire, le tonnage réel se rapprochera beaucoup de celui qui est *supposé, parce qu'en général, la marchandise* transite ces voies et ne s'y débarque point.

DÉSIGNATION.	PARCOURS sur LE DÉVELOPPEMENT DUQUEL CE TABLEAU A ÉTÉ BASÉ.	kilomètres.	TONNAGE A LA DESCENTE		TONNAGE A LA REMONTE ET MENTION DU TONNAGE A VIDE IMPOSÉ, OU DU TONNAGE A CHARGE CONSIDÉRÉ COMME VIDE.	TONNAGE TOTAL RAMENÉ AU PARCOURS PRINCIPAL MAIS NON COMPRIS LE TONNAGE A VIDE OU NON IMPOSÉ.	PERCEPTION MOYENNE PAR TONNE ET PAR MYRIAMÈTRE.		PERCEPTION SUR LE PARCOURS TOTAL Y COMPRIS LE DÉCIME.
			MARCHANDISES DE 1re et 2e classe.	TRAINS DE bois divers.			centimes.	millimes.	Francs en nombre ronds.
			Tonnes.	Tonnes.	Tonnes.	Tonnes.			
GARONNE.	De Toulouse à Bordeaux . .	287	116,900	4,226	 46,871	(1) 167,997	3	42	165,000
RHÔNE.	De Lyon à Arles	285	206,986	30,456	 100,147	(2) 337,589	2	65	255,000
YONNE.	D'Auxerre à Montereau. .	117	167,986	245,532	 28,166	441,684	2	23	110,000
SAÔNE.	De Gray à Lyon.	280	255,616	53,267	 149,753	458,636	2	63	338,000
ESCAUT.	De Cambrai à la Scarpe .	66	470,000	. . .	 198,600	668,600	7	62	336,000
OISE.	De l'Aisne à la Seine . .	102	569,000	57,235	à vide. . 559,500 51,914	678,149	4	71	326,000
SEINE SUPÉRIEURE.	De Montereau à Paris . . .	100	838,515	297,608	à vide. . 380,771 97,520	(3) 1,233,643	2	18	270,000
						tonnes 3,936,298	3	05	1,800,000

(1) Les marchandises qui se dirigent ou proviennent du Tarn, du Lot et de la Bayse, affluens de la Garonne, figurent pour 26,865 tonnes, dans le tonnage de la Garonne, ce qui réduit son tonnage direct à 141,402 tonnes.

(2) Celles de l'Isère et de la Durance, affluens du Rhône, ne figurent que pour 6,345 tonnes, dans le tonnage du Rhône, ce qui ne réduit son tonnage direct qu'à 331,244 tonnes.

(3) La perception et le tonnage de Nogent-sur-Seine sont compris dans le chiffre de la Seine, (quoique, pour mieux faire apprécier l'importance de sa circulation, j'aie adopté pour base du tonnage général, un parcours moindre, la distance de Montereau à Paris.) La Seine est la seule rivière où j'aie englobé un bureau de perception qui se trouve en dehors du parcours principal; on pourra s'en convaincre par le détail donné ci-dessous de la recette de tous les bureaux de perception établis sur le cours des rivières susmentionnées :

DÉTAIL DE LA PERCEPTION OPÉRÉE A CHAQUE BUREAU PLACÉ SUR LES RIVIÈRES MENTIONNÉES AU TABLEAU CI-DESSUS.	1. Garonne.	Francs.	2. Rhône.	Francs.	3. Yonne.	Francs.	4. Saône.	Francs.	5. Escaut.	Francs.	7. Seine supérieure.	Francs.	Récapitulation de la recette par bureaux pour contrôle du tableau ci-dessus.	Francs.
	Toulouse. . .	31,680	Lyon { Ainay. .	49,940	Auxerre. . . .	5,500	Gray. . . .	54,900	Condé.	144,510	Nogent-s.-Seine .	19,970	1.	165,460
	Port-Galand. .	5,100	{ St-Morand	26,780	La Roche. . .	29,740	Pontarlier. .	3,110	Valenciennes .	89,910	Montereau. . .	73,430	2.	255,450
	Port-Boudon. .	9,460	Givors. . .	27,610	Montereau. .	53,360	St-Symphorien.	5,420	Cambrai. . .	102,070	St.-Mammès. . .	75,570	3.	110,270
	Agen	53,530	Condrieu . .	11,330	Choisy-le-Roi .	2,000	St-Jean-de-Losne	51,080			Melun.	15,140	4.	338,140
	Nicole. . . .	30,779	Grenoble. . .	1,160	Paris.	34,940	Verdun. . . .	18,000		336,490	Choisy-le-Roi. .	11,710	5.	336,490
	Pont-de-Bordes. .	2,100	Valence. . .	15,560			Châlons-s.-Saône.	60,240	6. Oise.		Alfort.	3,070	6.	325,610
	Marmande. . .	1,400	Bourg-St-Andéol.	13,040		115,540	Mâcon. . . .	104,050	Compiègne. . .	197,110	Paris.	70,650	7.	269,540
	Langon. . . .	19,680	Avignon. . .	24,650	A déduire pour flottage opéré au-dessus d'Auxerre	5,570	Tournus. . . .	3,840	Pontoise. . .	97,290				
	Libourne. . . .	960	Beaucaire. . .	22,080			Lyon. . . .	60,460	Mantes. . . .	1,780		269,540		1,800,960
	Bordeaux. . . .	30,580	Arles.	62,700		110,270			Le Pecq. . . .	29,430				
		165,460		255,450				338,140		325,610				

Mais examinons ce qui est arrivé : pendant qu'on achevait péniblement , lentement les canaux, en recourant incessamment aux budgets annuels pour les insuffisances de devis, le système de l'affranchissement de péages des voies fluides en général , se faisait jour à l'occasion des rivières. Le Gouvernement présenta en 1835 ou 1836, un projet de loi pour régulariser la perception et le contrôle sur ces rivières , et il proposait un tarif fixé sur des bases uniformes, s'élevant à 10 centimes par tonne et 5 kilomètres (20 centimes le myriamètre .

Les Chambres réduisirent ce tarif à un centime et demi ! (3 centimes le myriamètre.)   (Rapport à la Chambre des pairs de M. le comte Daru , du 6 juin 1842.)

Trois centimes le myriamètre était un affranchissement de voies (affranchissement déguisé sans doute), car cette taxe n'est pas l'équivalent des frais de perception et d'administration locale et centrale , des émolumens du personnel du Génie attaché à la police et à la conservation de ces cours d'eau !!

L'Administration ainsi placée dans l'alternative de demander d'énormes crédits sans pouvoir offrir, en revanche, aucuns revenus directs pour l'Etat, ce seul fait (1) n'explique-t-il pas comment les canaux à peu près achevés dès 1833, il n'y ait encore eu sur les rivières , en 1843, que des améliorations incomplètes , insuffisantes, mal entendues; cela n'explique-t-il pas pourquoi tout le système de notre navigation intérieure souffre et souffre gravement par l'incohérence des voies!!!

Les considérations qui précèdent et que déjà j'avais abordées dans un écrit sur la nécessité d'améliorer les rivières , écrit que je fis distribuer aux Chambres en 1836 ; ces considérations m'ont poussé à rechercher , en 1842, dans la comptabilité du ministère des finances, quels pouvaient être la circulation et le revenu brut et spécial de nos principaux fleuves et rivières. C'est le résultat de ce travail que j'ai emprunté à l'exercice de 1841 , que je résume dans le tableau dont il va être question.

J'ai laissé de côté la Seine-Inférieure, soit que la circulation qui a lieu entre l'Oise et Paris soit comprise dans la circulation de l'Oise, pour les provenances de cette rivière , soit que la Seine-Inférieure, du Hâvre à Paris , comme ligne navigable spéciale et unitaire, soit en dehors des considérations immédiates qui découlent du tableau ci-annexé :

(1) Non seulement on a fort mal placé le Gouvernement pour l'amélioration des rivières en abolissant les taxes, mais de plus les dépositaires du pouvoir *ont égaré l'opinion* sur cette importante question. Voici ce que disait le ministre des travaux publics (M. Teste) à la séance de la Chambre des députés du 26 mars 1842 :

« Les Compagnies ont fourni à l'Etat 128 millions pour les canaux, de 1821 à 1822; mais l'Etat,
» pour les finir, a été obligé d'y employer une somme double; il faudrait encore 450 millions pour
» perfectionner les canaux et améliorer les rivières. Si nous entrons dans cette voie, il y aura des
» excédens de produit qui devront être appliqués à l'amortissement. Les porteurs d'actions de
» jouissance viendront plus tôt prendre avec la main la moitié des produits assurés, et ces produits
» seront le double, le triple, *le décuple* de ceux qui existent aujourd'hui, et si vous agissiez ainsi,
» demain à la Bourse, le cours des actions de jouissance serait doublé ou triplé. »

Il résulte du tableau ci-annexé, dont l'exactitude est mise en évidence par les notes qui le terminent, que sept de nos principaux fleuves ou rivières, qui se relient à de grandes voies artificielles, ont donné passage, en 1841, à près de QUATRE MILLIONS de tonnes ramenées au parcours *maximum* des distances indiquées au tableau, et que chaque tonne a payé une taxe moyenne de 3 centimes par myriamètre.

Si, de cette moyenne, on déduit l'Escaut et l'Oise, qui ont des taxes exceptionnelles, le péage des cinq autres rivières est réduit à 2 centimes six dixièmes le myriamètre.

L'Escaut n'est pas seulement assujetti à une taxe directe de 7 centimes six dixièmes, perçue au profit du Trésor, il est encore grevé d'un péage élevé qui s'acquitte au passage des écluses d'Ywuy et de Fresnes, concédées à M. Honnorez qui a construit ces écluses; cela porte à 20 centimes environ, par myriamètre, la taxe qui grève les 66 kilomètres du parcours de l'Escaut.

J'ai signalé dans mes Études pratiques de 1841, les abus qui entachaient ces concessions; mais nonobstant ces abus et l'élévation relative du péage de l'Escaut, et grâces aux améliorations dont ces péages extraordinaires sont le prix, l'Escaut est celle de toutes les rivières de la France, où la navigation se fait à meilleur compte (1). Cependant, cette navigation à bon compte, n'est point encore ce qu'elle pourrait être; je n'ose pas espérer la cessation des abus que j'ai révélés à l'occasion de l'écluse d'Ywuy; je ne crois pas qu'on ait introduit l'uniformité nécessaire dans le jeu des écluses du fleuve et celui des écluses du canal de Saint-Quentin qui fait suite, ni le perfectionnement de ses chemins de hâlage, etc., etc.

Et le retard de ces améliorations se traduit, pour le commerce, en pertes de temps et en faux frais, dont il est impossible de faire une juste et une suffisante appréciation.

Ce qu'il y a de certain, c'est que les voyages de Mons à Paris sont toujours d'une longueur *désespérante*, car, pour la navigation ordinaire, on met plus de cent jours pour la venue de Mons à charge et le retour à vide; sans comprendre le stationnement à Paris (c'est moins de deux lieues par jour), et comme le *frêt* est à bon marché, à cause de la concurrence, la marine qui fréquente cette voie est dans un état de misère très prononcé.

C'est pénible à voir, car ces gens sobres et laborieux mériteraient un meilleur sort (2); le gouvernement aurait un intérêt immense à le leur ménager; car, au

_____

(1) 20 c. de péage,
  8 c. de frais de traction,   } Ensemble : 28 centimes la tonne par 10 kilomètres.

On verra plus loin les exemples empruntés aux autres fleuves : 56 et 40 centimes sur la petite Saône; 75 centimes sur le Rhône.

(2) J'ai remarqué des habitudes plus douces, plus régulières, chez les mariniers du Nord et de la Garonne, que parmi ceux du Centre de la France; cela tient sans doute à ce que dans le Nord la plupart des bateliers sont propriétaires, et que dans le Midi ils sont en partie intéressés dans les entreprises de marine ou engagés à l'année; ce qui sous-entend qu'ils ont peu de ces vacances si fréquentes dans le Centre.

besoin, il pourrait trouver parmi eux une pépinière d'hommes robustes, propres au recrutement de sa marine militaire.

C'est d'ailleurs une chose dangereuse, que de laisser aux prises avec le besoin et la misère, une classe d'hommes laborieux et énergiques.

Que ceux que la philantropie ou les intérêts de l'Etat émeuvent faiblement, que ceux-là au moins soient éclairés par leur propre égoïsme. Il est sans doute fort doux de vivre dans le sein des villes au milieu des aisances du luxe et des délassemens que procurent la société et les arts, mais il faut chercher à assurer la durée de ces jouissances; et l'unique manière de le faire, c'est en procurant du travail et du pain aux classes inférieures de la société.

L'Oise, plus encore que l'Escaut, a ses imperfections ; cette rivière fort bien canalisée, depuis l'Aisne jusqu'à Pontoise, sur 90 kilomètres, est livrée à son régime naturel de Pontoise à la Seine, sur 14 kilomètres; là, il existe des hauts-fonds qui, en 1842, ont arrêté la navigation et occasionné, pendant plusieurs mois, des transbordemens onéreux. Le 20 novembre 1842, un de mes amis constatait, à Pontoise et aux environs, une accumulation de 300 bateaux, occasionnée par le manque d'eau dans la partie *inférieure* de la rivière, tandis que la navigation *était bonne et facile dans la partie supérieure* (1).

Les mêmes inconvéniens se produisaient, en même temps, sur l'Yonne et sur la Saône et dans une mesure bien plus grave.

Sur l'Yonne, où l'on doit construire 35 barrages avec un certain nombre d'écluses accollées , cinq de ces barrages *seulement*, ont été construits à bâtons rompus et *sans écluses accollées*; de telle sorte que, si la navigation, à la descente, a été un peu facilitée, *celle à la remonte a été rendue plus difficile*. Le transport des marchandises, à la remonte, se payait encore, en 1842, de 25 à 30 francs la tonne, de Paris à l'embouchure du canal de Bourgogne : c'est par myriamètre, 1 franc 35 à opposer à un péage moyen de 2 centimes 1¡4 !! La seule remonte d'un bateau *vide* se payait 225 francs pour 19 myriamètres de Seine et Yonne, tandis qu'on ne dépense, ordinairement, que 218 francs pour hâler un bateau contenant 150 tonnes de marchandises, sur 23 myriamètres de la Sambre, de l'Escaut et du canal Saint-Quentin (2).

Sur la Saône, où des améliorations assez bien entendues et suivies ont été faites depuis l'amont de l'embouchure du Doubs à Verdun, jusqu'au canal du Rhône au Rhin, on a complètement délaissé 26 kilomètres de cette rivière entre le Doubs et Châlons; aussi, en 1842, le prix moyen de la remonte d'un bateau de 110 tonnes, de Châlons au canal du Rhône au Rhin, était de 471 francs, ce qui égale 56 centimes par tonne et par myriamètre. Cinquante-six centimes de hâlage, à côté d'un péage moyen de 2 cent. soixante-trois centièmes ! ! !

---

(1) On doit construire un barrage au confluent de la Seine et de l'Oise qui remédiera à ces inconvéniens; mais la chose traîne, et il y a dix ans *qu'elle devrait être faite*.

(2) La remonte de 96 kilomèt. de Sambre,   coûte pour 150 tonnes, 100 francs de traction.
    celle de 47 » 1¡2 d'Escaut   coûte   id.   58 id.   id.
    celle de 87 »   des canaux St-Quentin et Crozat   id.   60 id.   id.

Ainsi 230 kil. 1¡2   coûtent à la remonte   218 francs de traction.

Au-dessous de Verdun (embouchure du Doubs), on ne trouvait en Saône, à l'étiage de 1842, que 40 centimètres de mouillage (au lieu de 1ᵐ 60, mouillage des canaux), et les mariniers devaient frayer passage à leurs bateaux en déblayant les sables (1).

J'ai consacré deux chapitres spéciaux de cet écrit au Rhône et à la Garonne, en sorte que j'y renvoie le lecteur, et termine mes tristes et concluantes observations sur l'état des fleuves et rivières qui se lient à nos principaux canaux, par quelques chiffres qui résument ces observations :

« Immersion de 40 centimètres sur des parties de rivières qui se lient à des
» canaux à 1ᵐ 60 de mouillage; frais de hâlage, de 56 et 40 centimes sur la pe-
» tite Saône, 75 centimes sur le Rhône; transport à la remonte sur l'Yonne, 1 fr.
» 35 pour des marchandises qui paient, en moyenne, 2 centimes six dixièmes
» de péage par tonne et par myriamètre ! ! ! »

Dira-t-on encore, après ces exemples, que ce sont des péages exagérés qui s'opposent aux progrès de notre navigation intérieure ?..

Sur les Ordonnances de 1843,

Qui modifient les péages assis sur la circulation du canal

du Rhône au Rhin.

Avant de discuter les ordonnances que mon titre mentionne, je veux faire un appel à l'équité du Gouvernement français et à la loyauté de la nation et de ses représentans.

Cet appel, je le fais à l'occasion de la loi pour le rachat des actions de jouissance dont la Chambre des députés est saisie, et voici sur quoi il se fonde :

Lors des interpellations qui eurent lieu à la Chambre des députés, à l'occasion des ordonnances de 1843, un petit écrit anonyme fut remis à quelques honorables députés, et signalé par l'un d'eux à un autre député, à qui, certainement, l'auteur n'avait pas eu l'intention de le faire connaître.

---

(1) *En 1843*, le prix de la remonte *de Châlons aux canaux de l'Est* est tombé de 470 fr. à 320 fr. à cause de l'avancement des barrages et de l'abondance des eaux; l'amélioration étant complétée, cette remonte devrait pouvoir s'opérer *pour cent francs.*

L'impartialité et l'indépendance bien connues de ce dernier, furent blessées par la teneur de cet écrit ; et comme il savait que j'allais me rendre en Suisse pour y étudier la double question des bois de sapin et de transit qui se rattache au canal du Rhône au Rhin, il me signala ce document et me chargea de le lui procurer.

Je trouvai à Mulhouse quelques exemplaires de l'écrit en question, et plusieurs personnes m'en signalèrent l'auteur (1).

C'est un devoir pénible à remplir que de traduire à la barre de l'opinion publique des actes répréhensibles, surtout lorsqu'on peut croire qu'ils résultent d'erreurs ; mais, lorsque la divulgation de ces actes peut prévenir de grandes injustices et sortir le Gouvernement d'une voie funeste et déloyale où il est poussé, la réserve de l'homme délicat doit faire place au courage de l'homme de bien. Tel est le sentiment qui me porte à dévoiler, non seulement l'écrit auquel je fais allusion, mais encore d'autres actes qui en sont le pendant et dont l'écrit lui-même n'est qu'un enchaînement.

J'ai même été surpris de ne voir aucune mention de ces actes, dans la nomenclature détaillée et exacte des faits et gestes du conseil administratif de la Compagnie du canal du Rhône au Rhin, qui est faite par l'auteur anonyme ; mais je suppléerai à cette lacune qu'il sera facile d'apprécier.

Avant d'entrer en matière, je dois rappeler ou faire connaître à mes lecteurs que l'emprunt de dix millions soumissionné en 1821, pour l'achèvement du canal du Rhône au Rhin, *par des notabilités strasbourgeoises*, fut fait aux conditions les plus onéreuses pour le Gouvernement, de tous les emprunts *canaux* de 1821 et 1822.

C'était la première affaire de cette nature, et on put la considérer comme une prime d'encouragement pour celles qui devaient la suivre. En effet, au lieu de 6 du cent, intérêt annuel, et de 75 années de demi-jouissance accordés aux prêteurs des dix millions pour le Rhône au Rhin, on n'accordait plus, en 1822, au soumissionnaire des 25 millions pour le canal de Bourgogne, que 5 et 1 dixième d'intérêt et seulement 40 années de demi-jouissance.

Aussi, un rapport du comité administratif du canal du Rhône au Rhin, *dont la mention a été omise dans l'écrit anonyme de Mulhouse*, qui fut fait aux actionnaires réunis en Assemblée générale, *le 30 janvier 1825*, fut conçu de manière à donner *les plus brillantes espérances* sur l'avenir de l'affaire. Ce rapport, qui émanait d'hommes graves et éminens, qui groupait des chiffres à la fois positifs et brillans, produisit un mouvement électrique dans le monde financier. On se jeta sur les actions de jouissance, qui se vendirent dès-lors entre 5 et 600 francs, et qui étaient estimées, dans le compte-rendu sus-mentionné, à 1,097, valeur ramenée au 1ᵉʳ janvier 1825, ce qui porterait leur valeur actuelle, avec les intérêts cumulés à 4 pour cent, à 2,335 fr. !

Je parle de ce qui s'est passé en 1825 avec une parfaite connaissance de cause,

(1) La personne signalée, d'ailleurs bien connue par la part qu'elle prit aux négociations pour le rachat des canaux en 1843, est réputée pour ses lumières et sa probité. Ce qui prouverait à quel degré d'erreur et d'injustice, l'intérêt personnel et local peut porter les hommes, même les mieux intentionnés.

— 16 —

car étant alors banquier à Paris, je fis pour le compte étranger, des achats assez considérables, et nul doute que la même opération ne fût commune à la plupart de mes confrères.

J'entre en ces détails, parce que l'écrit anonyme que j'ai signalé, ne s'attaque pas aux soumissionnaires de l'emprunt de 1821, qui ont eu les actions de première main, mais aux acquéreurs de 1825 qui ont été induits en erreur par les soumissionnaires de l'entreprise, et qui ont surpayé les actions de jouissance qu'il s'agit de racheter maintenant ; on veut, en un mot, faire passer les hommes trompés pour des trompeurs, *pour des plumeurs* (expression de l'écrit), ainsi qu'on le verra par une citation que je fais plus loin et qui est empruntée à la page 14 de l'écrit anonyme.

La conviction de mes lecteurs me sera encore mieux acquise lorsqu'ils m'auront suivi dans l'analyse des pièces authentiques que je vais mettre sous leurs yeux ; la première et la plus importante, est celle qui émane du Conseil administratif strasbourgeois du canal ; en voici l'intitulé et l'analyse :

Rapport du Comité d'Administration du canal Monsieur (*Rhône au Rhin*),

fait aux actionnaires, réunis en assemblée générale,

le 30 Janvier 1825 (1).

EXTRAIT DU RAPPORT.

« Le revenu du canal consistera :
» 1° Dans l'amodiation des récoltes en foin des talus, francs-bords, chemins de hâlage ;
» 2° Dans la coupe des arbres qui bordent le canal ;
» 3° Dans l'amodiation de la pêche ;
» 4° Dans les redevances pour les eaux servant à des irrigations ;
» 5° Dans les redevances pour la concession des prises d'eau pour servir de moteurs à des
» fabriques et usines ;
» 6° Enfin, dans les produits des droits de péage ;
» Dans une évaluation pareille à celle qu'il s'agit de faire, il vaut mieux rester au-dessous
» de la réalité que de s'exposer à la dépasser ; nous croyons donc convenable de ne point te-
» nir compte du produit des cinq premières branches de revenu, pour lesquelles nous n'avons
» d'ailleurs aucun élément d'appréciation, tout en faisant remarquer que la cinquième est de
» nature à produire des redevances importantes. Nous nous bornerons donc à l'évaluation du
» produit probable des droits de péage.
» La houille, le bois, les minerais, les métaux, les farines et grains de toute espèce, les vins
» et eaux-de-vie étant les objets dont le transport activera le plus le mouvement du canal, c'est
» la moyenne des droits à établir sur ces articles que nous prendrons pour base de notre éva-
» luation. En procédant ainsi, *on n'a pas de mécompte à craindre, car les objets que nous ve-*
» *nons de mentionner sont précisément ceux qui sont tarifés le plus modérément.*

(1) Administrateurs nommés par ordonnance royale du 19 octobre 1821 :
    MM. Florent SAGLIO.
        Jean-George HUMANN.
        RENOUARD DE BUSSIÈRE.

SUITE DE L'EXTRAIT DU RAPPORT DE 1825.

	Taxes payées pour 1,000 kilog. et 66 distances de 5 kilomètres.	
	fr.	c.
» La houille est imposée au droit de 20 centimes par distance de 5 kilomètres et par mètre cube équivalent à 1,000 kilogrammes environ, soit » pour 66 distances et par tonneau.	13	20
» *Le bois de service* paie par mètre cube équivalent à 700 kilogrammes environ, 20 centimes par distance .	18	85
» *Le bois de chauffage* paie par mètre cube équivalent à 500 kilogrammes environ, 10 centimes par distance.	13	20
» *Le minerai* paie par tonne et par distance 15 centimes .	9	90
» *Les métaux* paient par tonne et par distance 30 centimes .	19	80
» *Les farines et les blés* paient par kilolitre équivalent à 800 kilogrammes environ, 25 centimes par distance .	20	62
» *L'avoine et menus grains* paient par kilolitre de 600 kilogrammes environ, 15 centimes et demi par distance	14	85
» *Les vins et eaux-de-vie* paient par kilolitre équivalent à 1,000 kilogrammes environ 40 centimes par distance	26	40
» Huit tarifications.	136	82

» Les taxes moyennes sont de (Par demi-myriam. 25 centimes 3/4 (1)) Pour tout le trajet 17 fr. 10

(Suite d'autre part de l'extrait de ce rapport.)

---

(1) *Note.* Je vais comparer les taxes citées dans le rapport ci-dessus

Avec celles ci-après de l'ordonnance de 1843.			Et celles ci-après en vigueur sur le canal de Languedoc en 1843.		
Taxes par distance de 5 kilom.	pour 66 distances.		Taxe par distance de 5 kilom.	pour 66 distances.	
Houille . . . 10 cent.	fr. 6	c. 60	Houille . . . 13 cent.	fr. 8	c. 58
Bois de service. 15	9	90	Bois de service. 40	26	40
Bois à brûler . 15	9	90	Bois à brûler . 30	19	80
Minerai . . . 5	3	30	Minerai . . . 26	17	16
Métaux . . . 20	13	30	Métaux . . . 40	26	40
Céréales 1re clas. 25	16	50	Céréales 1re clas. 40	26	40
Céréales 2e clas. 25	16	50	Céréales 2e clas. 40	26	40
Spiritueux . . 25	16	50	Spiritueux . . 40	26	40
Huit tarifications.	fr. 92	50	Huit tarifications.	fr. 177	54
MOYENNE { Par demi-myriam. 17 centimes 1/2	Pour tout le trajet. 11 fr. 56		Par demi-myriam. 35 centimes	Pour le trajet. 22 fr. 20	

Résumé des comparaisons ci-dessus.

Pour le rapprochement que je fais ci-dessus entre les taxations légales *présentées comme modérées en 1825*, de celles ordonnancées en 1843 et de celles en vigueur *actuellement* sur le canal de Languedoc, on aura les proportions ci-après pour 1,000 kilogrammes :

	Par 5 kilom.	Par myriam.
Taxes de 1821 *déclarées modérées par l'administration strasbourgeoise, en 1825.*	25 cent. 3|4	51 cent. 1|2
Taxes ordonnancées en 1843.	17 cent. 1|2	35 cent.
Taxes *en vigueur,* en 1843, sur le canal de Languedoc.	35 cent.	70 cent.

La déclaration de *modération* des Strasbourgeois était donc exacte, *puisqu'en 1843* les taxes du canal du Midi *sont de 40 pour cent plus élevées.*

Celles de l'ordonnance de 1843, contre lesquelles on s'est élevé si fort à la session dernière, sont *d'un tiers au-dessous du tarif de 1821*, et *moitié au-dessous* de celles du canal de Languedoc.

» On suppose un mouvement de 150,000 tonneaux au droit moyen de 17 fr. 10 c., qui
» présente un produit brut et annuel de. . . . . 2,565,000 fr.

» Les dépenses, entretien, administration et perception émargés pour. . 665,000

» Le produit net et annuel de la perception serait donc de. 1,900,000
» C'est d'après ce revenu que le Conseil d'administration estime, à la page 11ᵐᵉ de son rap-
» port, les dividendes afférens à chaque action de jouissance, à la somme totale de 1,877 fr.,
» qui, ramenée à sa valeur au 1ᵉʳ janvier 1825, se réduit à fr. 1,097 47 c.

Le rapport est résumé comme suit: « En vous soumettant ces aperçus qui présentent un
» avenir prospère pour la Compagnie, nous ne devons pas craindre d'être démentis par les
» évènemens ; il y a plutôt lieu de croire que l'ouverture de canaux correspondans et les
» guerres maritimes qui pourront éclater dans l'espace de près d'un siècle , ajouteront au
» mouvement du canal , et donneront une augmentation de produits, soit permanens, soit
» temporaires, qui n'ont pas pu entrer dans nos évaluations. »

Le rapport que je viens d'analyser fut confirmé par celui de 1826 (1), puis l'attention sur les produits futurs fut détournée par les préoccupations du moment, à
savoir : Insuffisance de fonds pour l'achèvement des canaux , et plus tard , con-
troverses sur la question des tarifs.

C'est à partir de 1836, que l'anonyme mulhousois cite, de la part du Conseil
d'administration strasbourgeois, des opinions contraires à ses actes précités de
1825 et 1826. A quoi faut-il l'attribuer ? à un revirement d'intérêts, c'est-à-dire
à la vente des actions de jouissance que ces administrateurs possédaient, ou à un
changement de personnel dans l'administration ? Je renvoie le lecteur à la note
ci-dessous (2) qui l'aidera à résoudre la question que je pose, et je vais faire une
citation, choisie entre plusieurs, des nouvelles opinions du Conseil d'administration
strasbourgeois, à partir de 1836. *Selon l'écrit de l'anonyme mulhousois,* page
4 de cet écrit, on lit : « Dans le rapport du Comité administratif strasbourgeois
» du 30 janvier 1836, il est dit, page 14 : *Afin de vous rendre plus sensible*
» *le besoin instant de diminuer les droits de navigation, nous vous dirons que*
» *les marchandises qui avaient pris la voie du canal à plusieurs fois , ont repris*
» *la voie de terre, etc., etc.* » Page 7 , et dans le rapport du 30 janvier 1840 :
« *que l'ordonnance du 19 avril 1826, qui avait réduit le tarif de 1821, avait*

(1) Le rapport de 1826 disait à la page 6ᵐᵉ :

« Nous n'avons pu nous procurer que des renseignemens officieux; mais de ceux-ci il résulte
» que la navigation a été plus active encore qu'en 1824, et que, très probablement, *la réalité dé-
» passera les évaluations que nous avons présentées dans notre rapport précédent.* »

(2) Je livre à l'appréciation du lecteur les deux rapprochemens ci-après, qui sont incontestables :
1° Dans un mémoire remarquable de M. Kasthofer, haut forestier Suisse, publié en février 1833,
sur les forges du Jura, on lit aux pages 7 et 10 : « que M. Humann, alors ministre des finances en
» France, était l'un des principaux actionnaires des forges d'Audincourt (Doubs), et que ces forges
» employaient 45,000 tonnes de bois, 5,500 tonnes de houille et produisaient 3,000 tonnes de fer. »
2° A la séance de la Chambre des députés du 25 mars 1843, M. Humann, encore ministre des
finances, et qui avait été adjudicataire et administrateur du canal du Rhône au Rhin, disait : « Ar-
» mé de la loi d'expropriation des actions de jouissance, le Gouvernement pourrait se dégager
» des entraves des Compagnies et abaisser immédiatement les tarifs dans de larges proportions. »

Réflexion : Il ne s'agissait plus d'abaisser ces taxes moyennes de 51 centimes la tonne et le
myriamètre qui étaient modérées en 1821, mais une perception de 14 centimes qu'on trouvait exa-
gérée en 1843 ! ! !

» *besoin de nouvelles modifications, etc. Que c'est l'étude des choses qui a fait*
» *prendre l'initiative à la Compagnie et qui a provoqué l'ordonnance du 2 juin*
» *1839 qui fixe à 4 centimes le stère et le myriamètre* (au lieu de 40, taxe de
» *1821) le droit de navigation des bois transportés en bateaux ou en trains.* » (Je
réduis tous les chiffres au myriamètre)

Dans ce revirement d'opinion du Comité administratif strasbourgeois, voici la part d'influence des Chambres de commerce riveraines du canal.

Aux pages 4 et 5 de l'écrit anonyme, on lit : « *que les Chambres de commerce*
» *de Mulhouse et de Besançon sont unanimes pour un tarif plus bas que celui en*
» *vigueur* » (perception moyenne de 14 centimes la tonne et le myriamètre, au lieu de 70 centimes qu'on perçoit sur le canal du Midi.)

« *Que la Chambre de commerce de Mulhouse, par réclame adressée au minis-*
» *tère du commerce en septembre 1835, a établi la nécessité de réduire le*
» *péage du bois transporté en bateaux, dans la proportion du droit que paient*
» *les trains ou radeaux* » (4 centimes le stère au lieu de 40 centimes la tonne, taxe de 1821, ou 30 centimes, taxe de 1843).

Ces citations indiquent la part d'influence de chacun dans *la démolition* du tarif de concession; mais en y rattachant le souvenir du compte-rendu à Strasbourg en 1825, on ne lira pas, sans quelque indignation, les épithètes et les allusions injurieuses dont sont gratifiés, dans l'écrit anonyme de Mulhouse, ces actionnaires de seconde main dont j'ai parlé plus haut.

On lit, page 3 de l'écrit : « *La plupart des actions* (d'emprunt) *se casèrent en*
» *France* (1) *; les actions de jouissance se casèrent presque toutes à Genève;*
» *comme les premières se trouvaient éparpillées et qu'il faut dix actions pour*
» *une voix, les actions de jouissance, qui étaient un objet d'agiotage, eurent la*
» *majorité des voix au conseil de la compagnie.* »

Page 13. « *Il suffira de la demande et de la persistance de quelques étrangers*
» *tracassiers et intéressés à la chose, pour que le ministre leur rende le service*
» *de ruiner les entrepreneurs français,* etc. »

Page 14. « *On dirait que tout est combiné pour plumer le trésor public au*
» *bénéfice des porteurs d'actions de jouissance, et que l'on a voulu fournir aux*
» *experts une base élevée, quoique factice, pour fixer les indemnités.* »

Page 15. « *Et que l'on ne dise pas que fixer l'indemnité* (de rachat) *sur le*
» *cours actuel des actions de jouissance* (500 fr.) *soit une injustice !* etc. »

Page 16. *C'est la perspective à peu près certaine des concurrences* (qui atten-
» dent le canal) *qui engage MM. de Genève à tracasser l'Administration pour*
» *provoquer le rachat !* »

Maintenant on va voir par le résumé *textuel* de l'écrit anonyme que je vais reproduire, quels sont ceux qui désirent le rachat et qui y poussent, et par quels moyens on y pousse :

Textuel : « Je fais ces notes pour servir de renseignemens à MM. les délégués

___

(1) Dans le principe, l'action de jouissance était attachée à l'action d'emprunt : la conservation en France des actions d'emprunt, et la vente à l'étranger des actions de jouissance ; ce seul fait *n'explique-t-il pas la situation actuelle d'un chacun et les tergiversations signalées sur la question des tarifs ?*

» de Mulhouse ; au moyen des documens que j'y joins, ils pourront facilement se
» mettre au fait et parler en connaissance de cause.

» Je crois qu'à Paris il faudra, avant tout, *crier et tâcher d'accélérer l'adop-*
» *tion de la loi du rachat.* Voir la commission de la Chambre des députés, et s'il
» est possible, provoquer quelqu'amendement qui rende l'abus plus difficile.

» Il faudrait de suite prendre *un bon avocat* qui pût faire un mémoire con-
» cernant l'application du tarif ; faire des articles de journaux qui appellent les
» choses par leur nom et inspirent des craintes à ceux qui ont inventé ou aidé
» cette manœuvre.

» Voir si on peut attaquer l'ordonnance royale du 17 avril comme illégale.

» Voir à en retarder l'application, au moins jusqu'à la fin de la saison de navigation, soit jusqu'en octobre.

» C'est à force de harceler les ministres que M. Dassier est parvenu à obtenir
» cette malheureuse ordonnance ; peut-être qu'à force de harceler, les délégués
» obtiendront des modifications.

» En tous cas, si on ne peut déjouer cette indigne manœuvre, il faut la stigmatiser
» par la publicité ; *cela influera toujours sur les arbitres qui devront fixer les*
» *indemnités.* »

***

Mai 1843.   Mulhouse, imprimerie de P. Baret.

Après la lecture attentive, mais bien pénible, des documens que je livre à la
publicité, sera-t-il encore nécessaire de poser cette question ?

Quels sont les agioteurs, ou, si l'on aime mieux, quels sont les hommes qui,
sans le vouloir peut-être, ont égaré l'opinion publique ? Sont-ce les administrateurs strasbourgeois de 1825, qui attribuaient à l'action de jouissance une valeur
immédiate de 1097 fr., basée sur un tarif moyen de 51 centimes, *déclaré mo-*
déré ? Sont-ce les actionnaires de seconde main qui ont acheté cette action de
jouissance sur la foi de ces assertions, et qui, au lieu de la taxe *modérée* de 51
centimes le myriamètre, ont souscrit à celle *plus modérée encore* de 35 centimes ? Serait-ce peut-être l'écrivain anonyme de Mulhouse, ce riverain qui ne se
contente pas d'un tarif moyen de 35 centimes, et qui, *pour l'obtenir plus bas,*
voudrait qu'on expropriât à 500 francs, un titre qui coûte moyennement, aujourd'hui, plus de 1,200 francs à la plupart de ses détenteurs ?

Je laisse la solution de cette question à la sagacité de mes lecteurs, et je sou-
mets encore à leur prévoyance cette autre question ci-après :

Est-il bien séant, après le fameux compte-rendu en 1825, de flétrir du nom
d'agioteurs, ces capitalistes étrangers, qui ont acheté leurs titres des actionnaires
français ; ces actionnaires de seconde main, qui, en défendant leurs droits *légiti-*
mes avec longanimité et modération, ont défendu, *en même temps,* les véritables
intérêts du Trésor, qui se sont trouvés au pillage par le fait des taxes en vigueur de
1826 à 1843 ? (14 cent. de perception moyenne au lieu de 51 c., tarif de 1821).
Est-il bien séant et de bonne politique, dans un pays agricole tel que la France,
où l'on sera toujours bien aise de voir affluer les capitaux étrangers, de flétrir du

nom d'agioteurs ces étrangers, qui ont répondu à l'appel, aux amorces de quelques financiers français?

Oui, l'opinion publique, les Chambres elles-mêmes, feront justice d'une pareille accusation, et je me bornerai maintenant à m'arrêter sur un dernier fait, cité à la page 7 de l'écrit anonyme : à savoir *que, par lettre du 20 février 1838, la Compagnie du canal du Rhône au Rhin demandait au Gouvernement d'imposer uniformément à 4 centimes le stère de bois trains et en bateaux.*

Oui, la Compagnie l'a demandé, mais j'ai hâte de le rappeler, et c'est la page 5 de l'écrit qui en donne la preuve : *Cette grave faute a été provoquée par les réclames adressées au ministre du commerce, en septembre 1835, par la Chambre de commerce de Mulhouse!!*

Oui, c'est la Chambre de commerce de Mulhouse qui a demandé la taxation à 4 centimes le stère, de ce bois transporté en bateau, que la loi de 1821 taxait à 40 *centimes*, et que l'ordonnance de 1843 a sagement ramenée à la taxe de 30 *centimes la tonne.* Cette malencontreuse réclame des Mulhousois a complété la perte d'une perception de plus de quatre millions de francs qui a échappé au Trésor, *sur le seul chef des bois,* et, en même temps, les Mulhousois sont devenus complices du gaspillage des forêts en Suisse et en Allemagne!!!

Le Gouvernement aura ainsi la mesure de la part qui doit être faite à chacun dans toutes ces fautes ; il jugera ces capitalistes étrangers, désignés comme des *plumeurs,* et qui ont vu, *sans pouvoir l'empêcher,* les stipulations premières d'une affaire qui leur était chèrement vendue, amoindries et minées par l'influence des riverains du canal, et par l'abandon ou la désertion des administrateurs qui devaient être les défenseurs de leurs droits. C'est cependant sur ces étrangers, ainsi traités, qu'on appelle, non seulement le verdict des Chambres, mais encore et surtout, la rigueur des commissions arbitrales qui seraient appelées à déterminer la valeur de leurs actions de jouissance, dans le cas d'une expropriation!!!

C'est sur de pareilles énormités que je fais appel à l'équité du Gouvernement et à la loyauté des représentans du pays.

Maintenant, pour que la question puisse être jugée sur toutes ses faces et avec une parfaite connaissance de cause, je vais passer en revue les taxes des principales marchandises qui circulent sur le canal du Rhône au Rhin, soit qu'à leur égard on ait maintenu le tarif de 1826, *qui était une réduction à moitié,* soit que les taxes aient été relevées.

Le canal transporte peu de marchandises de prix, et j'ai voulu en savoir la cause. — Je me suis procuré le prix courant d'un commissionnaire de Strasbourg, qui entreprend le transport de ces marchandises de valeur, dont la circulation est si rare. — J'ai fait le rapprochement des prix de transport demandés, de tous les frais de navigation qu'il est censé débourser, et sur un prix moyen de transport, de 20 fr. 58 centimes la tonne, pour rendre la marchandise, par voie d'eau, de Strasbourg à Bâle, j'ai trouvé 10 fr. 50 centimes, dont le commissionnaire ne pourrait justifier que comme bénéfices, ou comme abus et imperfections dans la voie navigable. — Le tableau qui fait suite va fournir la preuve de ce que j'avance :

EXTRAIT d'un prix courant de **M. Louis Schertz, Commissionnaire
à Strasbourg**, daté d'août **1843**, et intitulé : *Prix de transport à Bâle,
par* 50 *kilogrammes* rendus à domicile, *voie du canal.*

(Dans le Tableau qui va suivre le quintal sera réduit à la tonne de 1000 kilogrammes.)

Nota : La distance à parcourir de Strasbourg à Bâle, par la voie navigable, est :

Par le canal, de   122,424 mètres } ensemble : 125 kilomètres.
Par le Rhin, de   2,676   »   }

« Les prix courans ci-dessous ne concernent *même* que des livraisons de 5,000 kilogrammes
» *et plus*, par le même chargement ; lorsque les livraisons sont moindres, *les prix augmentent*
» dans les proportions ci-après :   · Par 50 kilog.   par 1,000 kilog.
» Pour les parties de 4   à 5,000 kilog.   0 f. 02 1|2   0 f. 50
»   »   de 2,600 à 4,000   »   0   05   1   »
»   »   de 1,500 à 2,500   »   0   07 1|2   1   50
»   »   de 1,000 à 1,500   »   1   10   2   »

MARCHANDISES A TRANSPORTER.	FRAIS DE TRANSPORTS		DROITS DE NAVIGATION.	
	par 50 kilogram.	par 1,000 kilo.	pour 125 kilom.	par myriamètr.
	francs. cent.	francs. cent.	francs. cent.	francs. cent.
Acier, alun, céruse, cuivre, étain, drogueries et autres marchandises lourdes non dénommées.	1 »	20 »	6 25	0 50
Grains, farines, plombs, manganèse, merceries.	0 90	18	6 25	0 50
Cotons filés, sucres, poissons salés, salpêtre, tabac fabriqué.	1 05	21 »	6 25	0 50
Bois de teinture en bûches ou moulé, café, cacao en balles ou fûts	1 07 1|2	21 50	6 25	0 50
Colle forte, coton brut et pressé, épiceries, graines, huiles, spiritueux.	1 10	22 »	6 25	0 50
Coton non pressé, fontes moulées, teintures en caisse et surons manufacturés et étoffes, marchandises légères	1 25	25 »	6 25	0 50
Fers travaillés, rails, fontes et tuyaux.	0 91	18 20	5 »	0 40
Ferblanc et tôle	0 95	19 »	5 »	0 40
MOYENNES :	1 . 03	20 . 58	5 . 94	0 . 47 1|2
Frais de transports pour.	cinquante kilogr.	et mille kilogr.	droit pour tout le trajet	et par myriamètre.

RÉSUMÉ DU TABLEAU.

Le commissionnaire de Strasbourg prend, pour le transport par eau, jusqu'à Bâle,
de 1,000 kilogrammes. . . . .   20 fr. 58
           ⎧ pour sa dépense en droits de navigation, suivant la moyenne ⎫
A déduire ⎨   ci dessus . . . . fr. 5 94 ⎬   7   94
           ⎩ pour camionage à la remise de la marchandise. .   2 ⎭

           Reste pour tous les autres frais de navigation . .   12 fr. 64
Sur les canaux du Midi, de Beaucaire à Toulouse et *vice versâ*, en 1842, tous les
frais de navigation autres que les dépenses ci-dessus (de 7 fr. 94) sont de 17 centimes par tonne et myriamètre ; en appliquant ces frais de 17 centimes aux 12 myriamètres et demi de parcours, entre Strasbourg et Bâle, on aura *encore* à déduire,
du prix de transport reçu . . . .   2 fr. 13

Il restera au commissionnaire strasbourgeois, soit en bénéfice, soit pour couvrir
des frais extraordinaires résultant d'imperfections de navigation. . . . . .   10 fr. 51
Dix fr. 51 *centimes*, pour 12 myriamètres et demi, égalent 84 centimes par tonne et par
myriamètre.
C'est environ *deux fois* le montant des droits payés qui ne sera pas justifié.

Ainsi, les frais de transport des marchandises précieuses entre Strasbourg et Bâle, par la voie navigable, et pour des parties de 5,000 kilogrammes *au moins*, peuvent s'analyser comme ci-après, pour chaque tonne de mille kilogrammes et chaque myriamètre de parcours.

Centimes.

Taxes suivant l'ordonnance de 1843, *mais sans la taxe du décime de guerre*, moyenne. 47 1[2

Camionage à Bâle, largement estimé, à 16

Tous frais de navigation, *estimés par analogie avec les canaux du Midi*, à 17

Bénéfice du commissionnaire strasbourgeois, ou surcharge de frais par le fait de l'imperfection des voies navigables ou d'abus quelconques 84

Total de la dépense, du bénéfice ou des frais extraordinaires, par tonne et myriamètre. . . . . 1 f. 64 1[2

Pour preuve de ces calculs, multipliez 12 myriamètres 1[2 par 1 fr. 64 centimes 1[2, vous aurez 20 fr. 58 centimes, prix moyen du transport de la tonne de Strasbourg à Bâle, par la voie d'eau, indiqué au tableau ci-dessus !

Et si la quantité de marchandises livrées, ne dépasse pas 1,500 kilogrammes, au lieu de 20 fr. 58 centimes, vous paierez 22 *fr.* 58 *centimes* au commissionnaire de Strasbourg, ce qui portera la fraction de frais *non justifiables à* 1 *fr. par myriamètre.*

Or, la moyenne des droits de navigation payés est de 47 cent 1[2. ! !

D'après cet exemple, il est évident que la marchandise pourrait supporter un droit *double* de celui en vigueur par ordonnance de 1843, et être encore transportée *avantageusement* par les canaux, si les conditions de la navigation *étaient ce qu'elles doivent être.*

Au reste, qui peut ignorer l'énorme circulation du roulage qui a encore lieu à côté, *au mépris* de nos canaux de l'Est. N'y a-t-il pas, pour la France, quelque honte à subir, en voyant tant de millions enfouis dans ses canaux, improductivement pour son commerce et son agriculture, sans parler de la surcharge des frais qu'on occasionne à l'entretien des routes ?

Les représentans du pays ouvriront-ils enfin les yeux sur d'aussi crians abus, ou bien, à l'imitation de l'anonyme alsacien que j'ai combattu, chercheront-ils encore des fripons là où il n'y a que des dupes ! Et la plus froissée des dupes n'est elle pas le public, et, en dernière analyse, le contribuable ?

Observations sur les Bois étrangers importés en France

par le canal du Rhône au Rhin.

Je vais indiquer, avant toute dissertation, l'importance de l'introduction des bois étrangers en France, qui a eu lieu par le canal du Rhône au Rhin depuis son ouverture. Le tableau qui va suivre a été composé pour les années 1838, 1839, 1841 et 1842 sur les bordereaux de perception envoyés au ministère des finances par les receveurs du canal. Pour les autres années, c'est à Bâle où je me suis procuré les élémens des chiffres que j'indique et que j'ai des motifs de croire exacts. (Je n'ai pas eu le loisir de compléter ce travail au ministère des finances.)

Année de l'importation.	Tonnes de 1,000 kilogrammes ramenées au parcours de 25 myriamètres 1|2, calculées à 615 kilogrammes le stère, sur la perception de 4 centimes le stère.
1833 et 1834.	43,380 tonnes.
1835.	36,210
1836.	32,710
1837.	63,190
1838.	86,500
1839.	112,500
1840.	82,590
1841.	82,500
1842.	132,000
1843 jusqu'au 1er juin . . .	56,280
Total. . . .	727,860 tonnes.

Mais je dois faire observer qu'une partie de ces bois est restée sur la ligne du canal, n'a fourni par conséquent qu'un parcours moindre de celui pris pour base de ma réduction ; ainsi le chiffre de l'importation est plus considérable que celui indiqué à mon tableau.

Quel que soit ce chiffre, que le mode de comptabilité des finances ne permet pas de connaître exactement, ce chiffre sera toujours considérable et justifiera complètement ce que j'ai ouï dire en Suisse et en Allemagne, sur les coupes exagérées qui y ont eu lieu depuis l'ouverture du canal du Rhône au Rhin.

Toutefois et nonobstant, la Suisse serait encore le pays forestier le plus riche de l'Europe, ou, tout au moins, il n'y aurait que la Prusse qui pourrait lui être comparée. Kasthofer, savant distingué, inspecteur-général des forêts en Suisse, qui déplore dans ses patriotiques ouvrages le déboisement de son pays, estime encore sa superficie boisée à environ *un tiers de sa surface*, tandis qu'il n'attribue à la France, que la neuvième partie de cette surface. Cette évaluation a été faite avant l'ouverture du canal du Rhône au Rhin.

Avec une richesse aussi considérable, qu'un tiers du sol couvert en forêts, il n'y aurait pas lieu à s'effrayer beaucoup, de l'exportation qui a eu lieu depuis 1833 si, à côté de péages modérés en France, il y avait analogie de modération en Suisse, et surtout de bonnes coutumes forestières. Mais, tout au contraire, les transports sont plus chers en Suisse qu'en France, les péages y sont mal répartis, trop élevés, point rémunérateurs, car il n'y a ni entretien, ni amélioration, ni aucune surveillance sur leurs rivières. Quant aux règlemens forestiers, il n'y a qu'un petit nombre de cantons qui en ont, et là où ils existent, ils sont mal observés. Les communes et les particuliers ont, en général, disponibilité absolue de leurs bois, soit pour la coupe, soit pour le défrichement ; mais ce qu'il y a de plus nuisible à la reproduction des forêts, c'est que par toute la Suisse, malgré les défenses qui existent en certains cantons, les nouvelles pousses sont souvent broutées et paccagées par le bétail.

Tous ces désordres ont été signalés avec un chaleureux patriotisme par le haut forestier Kasthofer, dans son Guide dans les forêts, sans qu'on ait encore pu arrêter le mal, et cependant son ouvrage a été introduit dans l'instruction primaire de plusieurs cantons. (Voir à l'annexe première, page 37, une citation de cet ouvrage qui donnera au lecteur une idée du noble caractère de M. Kasthofer.)

Mais d'un côté, si le rétablissement d'un certain équilibre entre les péages, français et suisses (l'ordonnance de 1843 atteindrait ce but) restreint les avantages de l'exportation ; si, d'un autre côté, les forêts exploitables se trouvent réduites et plus éloignées des voies de transport, la Suisse se trouvera ramenée, par la force des choses, à faire des améliorations sur quelques parties de ses rivières (1), où les frais de navigation ordinaire sont quadruples de ceux qui se paient en France ; la Suisse se trouverait également poussée vers une meilleure administration forestière, surtout lorsque ses populations auront été bien éclairées sur le débouché avantageux et facile que lui ouvre, jusque dans le cœur de la France, le beau réseau navigable de ce royaume.

Je vais indiquer maintenant à mes lecteurs les prix du flottage en Suisse, ou pour m'expliquer plus intelligiblement, les prix du transport par eau qui se paient pour les bois, en traitant à prix déterminé avec le même entrepreneur de flottage, d'un point donné, jusqu'à Huningue où se trouve l'embouchure du canal du Rhône au Rhin.

---

(1) L'excessive cherté du flottage sur le Rhin, de Waldshut à Huningue, provient des chûtes du fleuve à Laufenbourg et Rheinfeld, deux points où des ouvrages d'art peu dispendieux produiraient, avec un beau revenu, des économies analogues aux flotteurs. A Laufenbourg, où la place, d'une *facile* dérivation, est marquée par la nature, on est obligé de défaire les radeaux et de flotter les poutres, une à une, au milieu des brisans de la chûte ; les sciages se transportent sur voiture, de l'amont à l'aval de la ville, comme à la chûte de Schaffouse. Et encore, à Laufenbourg, le flottage ne peut-il avoir lieu qu'une ou deux fois la semaine, à cause de la pêche du saumon qu'il interrompt.

Tableau des prix auxquels on entreprend le transport des bois, des lieux sous-indiqués jusqu'à l'embouchure du Canal du Rhône au Rhin, à Huningue.

POINT DE DÉPART.	DISTANCE à parcourir.	NATURE DES BOIS transportés.	MÈTRE CUBE, pesanteur spécifique moy.	PRIX DU TRANSPORT au pied cube.		PRIX RÉDUIT en francs, pour la tonne et le myriamètre . à raison de 28 kreutzers le franc.	
	kilomètres.		kilogrammes.	kreutzers,	fract.	francs.	cent.
Waldshut (Bade et débouché de la Forêt-Noire.	55	Sciages et charpente.	538	3	$^3|_3$	1	04
Lucerne, Suisse.	133	id.	538	6	$^3|_{12}$	0	87
Thoune, id.	232	Charpente.	585	6		0	43
Brientz, id.	317	id.	585	7		0	37
Nidau, id.	175	id.	585	4		0	38
Moyenne des prix du flottage Suisse..						0	61 1|2

Depuis l'ordonnance de juin 1843, les bois transportés en bateau, sur le canal du Rhône au Rhin, paient, en droits de navigation, pour *charpente et sciage*, par myriamètre et par tonne. . . . . 30 c.

Le Gouvernement perçoit en sus de ce droit *légal, le décime de guerre illégal* 3

Les frais de navigation, tels qu'ils se paient, et *non point tels qu'ils devraient être*, sont, suivant le détail ci-bas, (1) de. . . . 17   1|10

Ensemble des frais de transport. . . . 50 c. 1|10

Ce qui coûte donc 61 centimes 1|2 en Suisse, ne coûte que 50 centimes un dixième, en France, depuis l'ordonnance de 1843, si critiquée; ainsi, *le flottage* effectué sur les principaux fleuves et rivières de la Suisse, coûte 18 pour cent plus cher *que la navigation* du canal du Rhône au Rhin, *depuis la nouvelle ordonnance*. Si la navigation est plus lente que le flottage, les bois, une fois char-

(1) Suivant un marché passé en 1842, la location et le hâlage d'un bateau chargé moyennement de 86 tonnes, se payait de Huningue à la Saône. . . . . 300 francs.
(il en coûte 600 fr. pour la remonte). Le chargement de ce bateau à bras d'hommes coûtait. 75   »
C'est donc 375 fr. pour le transport *de 86 tonnes* à 25 myriamètres et demi, ce qui égale, pour une tonne transportée à un myriamètre 17 centimes 1|10e.
Si le canal et les marines qui le desservent étaient dans un état *à peu près normal*, on chargerait *au moins* 120 tonnes sur ce bateau loué pour. . . . . 300 francs.
Le chargement effectué avec une grue coûterait au plus 3 centimes 1|2 la tonne, pour 120 tonnes. 42   »
Ce serait donc 342 francs pour 120 tonnes transportées à 25 myriamètres et demi, soit par tonne et myriamètre, 11 centimes 17 millimes, au lieu de 17 centimes 1|10e, qu'on paie dans l'état d'imperfection actuel. On pourrait donc obtenir une économie de 6 centimes par tonne et myriamètre sur un tonnage considérable; et pour cet exemple , je n'établis mes calculs que sur *un mètre d'immersion utile* et sur la capacité *restreinte* des bateaux du canal du Centre. Que d'économies on pourra obtenir, *quand on le voudra*, par une navigation perfectionnée!!!

gés sur bateaux, ne sont plus exposés aux avaries et mutilations qu'ils subissent par le flottage, et notamment sur les cours d'eau naturels de la Suisse.

Maintenant, je vais opposer *les péages* qui se paient sur les deux rives du Rhin, en Suisse et dans le grand duché de Bade, sur ce fleuve non amélioré ni entretenu, aux péages que l'on paie en France, *depuis* et *avant* l'ordonnance de 1843.

Tableau des Péages sur les Bois flottés sur le Rhin,

payés en Suisse et dans le grand duché de Bade.

ASSIETTE de la PERCEPTION.	DISTANCE IMPOSÉE en kilomèt.	PÉAGES SUISSES ET BADOIS RÉUNIS, payés par 100 pieds cubes, le mètre cube de charpente et sciage, évalué au poids de 538 kilogrammes	RÉDUCTION DES PÉAGES ÉTRANGERS PERÇUS SUR LE RHIN, A la tonne de 1000 kilogrammes et par chaque myriamètre de parcours.
		fr. cent. (Réduction à raison de 28 kreutzers par fr.)	cent. mill.
De Reichenau (Grisons) jusqu'au canton de Saint-Gall.	35 »	1 30	19 07
De Constance à Waldshut.	101 1|2	2 45	12 30 } Perception moyenne 17 centimes 44 mill.
De Waldshut à Huningue.	55 »	2 77	25 86

En France, sur le canal du Rhône au Rhin, qui a coûté près de 30 millions à l'Etat, où les frais d'entretien et d'administration s'élèvent *à plus* de 8 centimes la tonne transportée à 1 myriamètre, le droit *de navigation*, en vigueur depuis le 1er juin 1843, est de 33 centimes, *y compris le décime de guerre illégal.*

Sur nos rivières, où de grandes améliorations sont entreprises, sinon obtenues, les droits de flottage sont d'un centime la tonne par myriamètre (1). Ainsi, en ne tenant aucun compte de l'entretien déboursé par le Trésor, qui est de 8 centimes au moins, la perception, sur le canal du Rhône au Rhin, est de 33 centimes. Rappelant que sur nos rivières cette perception atteint à peine 1 centime, on peut évaluer le péage moyen, payé entre Huningue et Lyon, c'est-à-dire entre le Rhin et le Rhône, à 17 centimes, lorsqu'on paie 17 2\|5, sur le Rhin Suisse et Badois (2).

(1) Suivant l'ordonnance royale du 27 octobre 1837, *le décastère* de bois flotté paie 4 centimes, *plus le décime de guerre*, ce qui égale pour le stère 0, centime, 44 millimes. Calculant 2 stères pour 1,076 kilogrammes, ce serait donc 0 centime 95 millimes la tonne. Comme on déduit à la perception 20 p. cent pour les vides, je suis fondé à estimer le stère de bois de charpente et sciages flottés à raison de 538 kilogrammes.

(2) La comparaison rigoureuse des péages français et suisses eût exigé qu'on déduisit les 8 centimes d'entretien du canal du Rhône au Rhin, puisque la perception suisse, sur le Rhin, est exempte de frais d'entretien. On appréciera le motif qui m'a empêché de pousser ma comparaison à ce terme de rigoureuse exactitude.

Conséquemment, les péages français, assis sur un canal et sur la Saône canalisée, ne sont pas même à la hauteur des péages sur le Rhin, *sur le Rhin tel que l'a fait la nature.* Les frais de navigation, bien que trop élevés sur le canal du Rhône au Rhin (on pourrait facilement les ramener à 11 centimes; note, page 26), ne s'élèvent cependant qu'à 17 centimes, à la descente vers la Saône, *tandis que cet élément atteint 78 centimes, à la descente du Rhin, de Waldshut à Huningue,* sur cette partie du Rhin la plus fréquentée, là où tous les bois étrangers aboutissent.

Telle est la position respective des navigations française et suisse depuis juin 1843. S'il y a une espèce d'équilibre fiscal dans ce rapprochement, la chose est bien différente lorsqu'on rapproche les conditions de cette navigation avant l'ordonnance de juin 1843.

Ainsi, le péage sur le canal du Rhône au Rhin, de 1826 à 1843, ayant été, par myriamètre de parcours, de 4 centimes le stère, j'évalue cette perception brute, pour la tonne, à . . . . 0 fr. 10 c.

Sur les rivières, on n'a perçu, depuis 1837, que . . . . . 0 fr. 1 c.

Ainsi, la moyenne de la perception *brute*, opérée du Rhin au Rhône, de Huningue à Lyon, a donc été de 5 *centimes* 1/2 la tonne et le myriamètre, à opposer aux 17 centimes deux cinquièmes de la perception suisse et badoise sur le Rhin. — 5 et demi en France. — 17 deux cinquièmes en Allemagne et en Suisse.

Aussi, malgré l'exagération *étonnante* des frais de circulation sur le Rhin, malgré le service généralement irrégulier des voies navigables françaises, l'influence des taxes antérieures aux ordonnances de 1843 a été une importation immense qui, en appauvrissant les forêts suisses et allemandes, y a augmenté le prix du bois de 1834 à 1842, savoir :

A Waldshut, de 6 kreutzers le pied cube de bois carré.

A Lindau, de 6 kreutzers la planche d'un pied cube environ (mes notes portent jusqu'à 8 kreutzers pour ce dernier élément).

C'est une augmentation de 11 francs la tonne, tandis que celle qui résulte de l'ordonnance du 25 mai 1843, n'est que de 5 francs 70 pour les bois chargés en bateau (1). Ce rapprochement *irrécusable* ne prouve-t-il pas, que c'est le Gouvernement français qui a mis dans la poche des propriétaires suisses et al-

---

(1) Le droit de juin 1843 est, par tonne et myriamètre, de 33 *centimes*, décime compris; pour 25 myriamètres et demi, c'est. . . . . 8 fr. 42

L'ancien droit, de 1826 à 1843, était de 4 centimes le stère de 538 kilogrammes, soit, 7 centimes 43 millimes la tonne et le myriamètre, pour 25 myriamètres 1/2, c'est . . . . fr. 1 90

Plus le décime de guerre. . 0 19

Plus 30 p. 100 qui peuvent avoir été perçus sur les vides des bois, mis en radeaux, *depuis* 1839 *seulement.* . . 0 63

Ensemble. . fr. 2 72 à déduire 2 72

Reste pour différence de perception sur une tonne avant et après l'ordonnance de 1843 . . . . 5 fr. 70

lemands, la différence entre les tarifs de 1826 et 1843, sur un tonnage de 727,860 tonnes, et pour une différence de plus de 4 millions de francs.

En outre, le Gouvernement français, en servant le flottage des bois étrangers avec des moyens de navigation perfectionnés, et des péages presque nuls, a empêché l'étranger d'améliorer ses rivières et d'y introduire quelque modération sur les péages qui y sont assis, choses auxquelles l'aurait poussé le besoin de vendre avantageusement ses bois (1).

C'est, malheureusement, lorsque les forêts de la Suisse et de l'Allemagne, les plus rapprochées des voies navigables, sont défrichées ou coupées à blanc estoc, c'est lorsque de grands approvisionnemens de bois existent sur nos marchés, que l'on rehausse de 10 centimes à 33 la taxe des bois transportés en bateaux (après l'avoir abaissée de 40 à 10), taxe qui n'aurait jamais dû être abaissée, et qu'on porte de 4 centimes à 40 centimes le stère celle du bois en radeau, ce qui est une espèce de prohibition, à laquelle on eût dû songer, *avant les dégradations considérables et les entraves de toutes natures que la circulation des radeaux a causées au canal.*

La question des radeaux est d'une nature trop complexe pour être détaillée ici; l'ordonnance de 1843 l'a résolue à la façon des Anglais et des Américains, qui prohibent la circulation des radeaux par une taxe double et triple de celle pour les bois transportés en bateaux; lors du remaniement des péages du canal du Rhône au Rhin, il y aura à considérer, si la provenance éloignée des grosses pièces de bois qu'on destine à la marine, qui se rendent dans nos ports de la Méditerranée, *qui doivent être flottées sur le Rhône,* ne commanderait pas une exception spéciale, exception entourée des restrictions nécessaires pour la conservation des travaux d'art du canal. — En attendant, la réduction des deux tiers sur la taxe des radeaux, introduite par ordonnance de mai 1843, en amendement de celle d'avril 1843, en faveur de *Mulhouse, est un abus*; c'est une concession *ridicule* faite aux obsessions locales, concession qui est contraire à la justice autant qu'à l'expérience.

Si une modération était jugée nécessaire, elle devait être accordée aux radeaux qui franchissent les 25 myriamètres du canal et non à ceux qui n'en franchissent que 3 seulement 2).

(1) Avant l'ouverture du canal du Rhône au Rhin, les bois suisses et allemands descendaient le Rhin jusqu'en Hollande; et de Waldshut jusqu'à Rotterdam, le flottage coûtait et coûte encore 27 francs la tonne, tandis qu'avant l'ordonnance de 1843, cette tonne a pu être transportée de Waldshut à la Saône pour moins de 12 francs. En Hollande, les bois suisses rencontraient la concurrence des bois du Nord, lorsque sur la Saône et même sur le Rhône, ils n'ont rien de pareil à redouter.

Français, dispensateurs des deniers publics, comment les avez-vous administrés ?

(2) En Angleterre, en 1841, sur le canal de Jonction, voici comment on graduait les droits sur la houille, *en raison de son parcours plus ou moins long.*

Pour moins de 52 milles on payait 66 centimes par myriamètre et tonne.

Pour 70	»	» 48	»	»	»
Pour 82	»	» 32	»	»	»
Pour 101	»	» 16	»	»	»

En France, en 1843, on fait payer aux trains qui franchissent 22 myriamètres, 40 centimes, et à ceux qui n'en franchissent que 3, on accorde 10 »

Voilà de l'économie politique au rebours du sens commun !!!

Si l'on reconnaît une exception *nécessaire* pour le flottage de quelques grosses pièces de bois, il faudra réduire à 20 centimes *la taxe* du stère de radeau, mais on pourra maintenir celle de 30 centimes la tonne, pour le bois de sciage et de charpente qu'on charge en bateau.

Tous ces prix applicables au myriamètre de parcours, et sans addition *du décime de guerre* illégalement et *dérisoirement* perçu, ne constitueraient qu'une augmentation de 5 à 6 francs la tonne, sur l'ancien tarif, pour toute la traversée du canal du Rhône au Rhin, et cette différence me paraît facile à retrouver, soit par une baisse des bois sur les lieux de production (1), soit par des améliorations faciles et *d'un effet certain* sur nos voies navigables (l'amélioration en voie d'exécution sur la Saône *sera capitale*, et avec un mètre d'immersion utile sur le canal du Rhône au Rhin seulement, *on économisera* 6 centimes par tonne et myriamètre sur les frais de navigation *des bois* sur le canal), soit enfin par le progrès de l'industrie des transports, progrès *qui ne peut se réaliser* tant que les voies sont en mauvais état.

S'il devait y avoir obstacle à l'importation future des bois des versans du Rhin, ces obstacles résideraient en entier :

1° Dans l'élévation des péages étrangers assis sur le Rhin ;

2° Dans l'état d'abandon et d'absence de surveillance du Rhin et de ses affluens suisses et la cherté *excessive* du flottage qui s'y pratique;

3° Dans l'absence d'aménagement dans le plus grand nombre des cantons suisses et l'infraction usuelle de la législation forestière;

4° Et, enfin, dans l'exagération des coupes faites depuis l'ouverture du canal du Rhône au Rhin.

Une nouvelle et sage taxation, sur les voies navigables de la France, fera ressortir tous ces abus, auxquels l'intérêt de la France elle-même lui commande de chercher à mettre un terme. En continuant, par des basses taxations faites au détriment du Trésor, à encourager le gaspillage des forêts étrangères, la France se priverait, pour l'avenir, d'une ressource précieuse, et elle rendrait à la Confédération suisse elle-même, à son avenir forestier, un fort mauvais service (2).

---

(1) Depuis l'ordonnance de 1843, il y a eu à Waldshut une baisse de 3 kr. le pied cube sapins, poutres et sciages; cela correspond, à peu près, aux 5 fr. 70, augmentation *de droit en* 1843. Mais je ne voudrais pas garantir la durée de cette baisse qui tient beaucoup au ralentissement des rachats. La taxe actuelle eût été bien plus équitable, bien plus facile à payer en 1834 qu'en 1844 ! ! ! Les tarifs pour les bois de 1826 et 1839 ont été de véritables *scandales financiers.*

(2) A l'occasion des ordonnances de 1843, il y a eu à Lucerne une réunion de notabilités suisses, déléguées par les cantons forestiers pour examiner s'il y avait lieu à modifier leurs péages. On s'est séparé sans rien décider, et les représentans des cantons à péages élevés se sont montrés peu disposés à les réduire, disant : que ce serait mal servir le pays que d'encourager la continuation du déboisement.

SUR LA PESANTEUR SPÉCIFIQUE DU BOIS DE SAPIN.

Le péage des bois sur le canal du Rhône au Rhin qui, avant l'ordonnance de 1843, se payait au stère, est perçu dès-lors au poids, pour ce qui concerne le bois transporté en bateaux. Or, pour comparer les droits nouveaux aux anciens, nécessité de bien connaître la pesanteur du stère ou mètre cube de sapin. Ici, grande difficulté; j'ai abordé la question avec la plus complète impartialité, et en cela, mon intérêt privé s'est trouvé parfaitement d'accord avec mes intentions; actionnaire du canal de Bourgogne et sans aucun intérêt dans celui du Rhône au Rhin, si l'on fait payer aux bois un péage exagéré sur ce dernier, ils ne pourront pas arriver à Paris, par le canal de Bourgogne.

Après des renseignemens puisés aux meilleures sources, des expériences qu'on a faites pour moi, et d'autres que j'ai faites par moi-même, je me suis déterminé à adopter pour base des calculs qui figurent au chapitre précédent, les chiffres ci-après, comme étant la pesanteur moyenne d'un mètre cube de sapin chargé en bateau, savoir :

Pour les bois de charpente. . 585 kilogrammes. } Moyenne des deux natures
Pour le bois de sciage . . 491   » } de bois. . 538 kilogram.

Avant de développer les élémens de ces bases je ferai observer que le gouvernement badois, qui perçoit au poids *le péage* qu'il a assis sur le Rhin *pour les bois*, évalue la pesanteur *du pied cube badois* à 13 kilog. 1|2. 960 pieds cubes badois égalent 701 pieds cubes français; d'après cette base, le mètre cube de bois de sapin égalerait 512 kilog. Mais je laisse de côté ce chiffre dont les bases me sont inconnues.

J'ai à citer trois expériences faites ou produites sur les sapins équarris. La première faite par moi, au moyen de trois blocs de sapin que j'ai pris en Suisse sur un chantier, et qui représentaient parfaitement les différentes conditions d'une grosse pièce de bois; je les ai fait immerger complètement quatre jours à l'eau courante, puis sécher autant de temps devant le feu ; la moyenne des mesurages et pesages que j'ai faits avec soin à chaque opération m'a donné pour le mètre cube, une pesanteur de. . . . . 567 kilog.

La seconde opération faite pour moi au chantier de M. Duroveray, à Lyon, sur plusieurs qualités de bois carré, *dont les 2|3 sortaient de l'eau*, a donné. . . . . 580 »

La troisième expérience est empruntée au Guide forestier de M. Kasthofer, qui attribue aux sapins, pins et mélèzes *secs*, un poids moyen, pour le mètre cube de . . . . 455 kilog. }
aux sapins, pins et mélèzes *verts*, un poids de . . 764 » } 609 moyenne.

Ces trois opérations offrent une moyenne de 585 kilogrammes le mètre cube de bois carré.

Quant aux sciages, j'ai aussi trois expériences à constater : la première, faite à Lyon par M. Duroveray, sur deux douzaines de planches mesurées avec les vides, pesées au poids public, et qui donnent en moyenne, pour le mètre cube. . . . . 475 kilogr.

La deuxième expérience consistait en deux chariots de planches chargés au chantier de M. Duroveray, à Genève, le 21 novembre 1843, après la pluie, mesurés à double, pesés au poids
public et qui ont donné en moyenne. . . . . 431 »

(C'est moi qui ai présidé à cette dernière opération faite avec
la plus minutieuse attention.)

Enfin, la dernière expérience a été faite à la scierie de Reichenau (Grisons), et quoique j'en conteste les bases par les raisons que
je déduirai plus bas, elle entrera, nonobstant, dans mes moyennes.
7 blocs de sciage sapins ont pesé, le mètre cube en moy. : 580 k.
3   —   —   —   — 552

Le terme moyen de ces deux pesées est de. 566 kilogr.

La moyenne de ces trois expériences est 491 kilog. le mètre cube.

L'opération faite à Reichenau n'est ni rationnelle, ni concluante ; les sciages
ont été mesurés *séparément* et sans vides par conséquent, or toutes les mesures
faites sur chariots, bateaux où dans l'eau comprennent les vides ; la perception
ne pourrait admettre que chaque planche soit mesurée séparément, la chose est
impossible. Puis, le bois est ordinairement vert lorsqu'on l'emploie à Reichenau,
et quand il arrive sur les voies navigables où il acquitte les droits, il doit avoir
perdu tout ou partie de cette sève qui existait lors du sciage (1).

Il tombera d'ailleurs sous le sens, *qu'une fois le poids admis* comme élément
de taxes, les marchands de bois sauront bien s'arranger pour ne faire circuler que
des bois secs plutôt que verts ; que des bois parfaitement lissés, bien équarris
et ne présentant à la perception *qu'un élément exempt de tares ou rabais.*

Je puis donc présenter ma moyenne de 491 kilogrammes pour le mètre cube
de sciage et de   585   —   pour le mètre cube
de bois carré, comme des termes qui seront plus rarement atteints que dépassés ;
comme un calcul consciencieux où j'ai fait autant, et peut-être plus, la part du
marchand que celle de la perception. J'ai dû entrer dans ces développemens afin
que toutes les personnes qui m'ont fourni quelque élément de ce travail, puissent
en retrouver la trace.

Une considération morale qui milite en faveur de cette ligne de conduite, c'est
qu'en établissant abusivement les taxes *ridicules* de 1826 et 1839, on a provoqué
des affaires qui ne sont point encore toutes liquidées, affaires qui sont malheureusement troublées par le rehaussement de taxes de 1843.

---

(1) Pour donner une idée de l'influence de la sève du bois sur sa pesanteur, voici les comparaisons empruntées au *Guide-Forestier* de M. Kasthofer :

POIDS DU PIED CUBE.

	sec.	vert.	Proportion du bois vert au sec.
Sapin rouge	15 kilog.	28 kilog.	46 p. cent.
Sapin blanc	17 1|2	29 »	40 »
Pin	17 1|2	30 »	44 »
Melèze.	17 1|2	26 1|2	—
Moyenne du mètre cube. . .	455 kil. le sec.	764 kil. le vert.	
Moyenne des deux conditions. . . 609 kilogrammes.			

TRANSIT DE LA MÉDITERRANÉE A BALE PAR LA SUISSE.

Le transit, qui se fait de la Méditerranée au Rhin, par la Suisse, coûte moyennement 259 francs la tonne. Celui qui peut se faire de la Méditerranée au Rhin, par la France, ne devrait coûter que 60 francs. Tel est le singulier rapprochement dont je vais déduire les preuves à mes lecteurs.

Quoique ces questions de transit n'aient pas, à beaucoup près, l'importance qu'on leur attribuait il y a quelques années ; ayant vu, pendant mes voyages en Suisse, un mouvement de roulage assez considérable, dont une bonne partie m'a été signalée, *en transit pour l'Allemagne méridionale*, j'ai cherché à connaître ce transit suisse fait au moyen du roulage, mais avec l'auxiliaire de la vapeur introduite sur tous les lacs de la Suisse.

Je m'étais fait recommander aux principaux commissionnaires des différentes places de la Suisse; je leur déclinai franchement l'intention où j'étais, de comparer les prix de transport du roulage en Suisse, avec ceux de France, par les voies de la navigation intérieure de ce royaume. Je trouvai chez tous ces négocians des hommes empressés à répondre à mes questions, et qui, tous, y ont répondu franchement.

Les négocians suisses et badois comprennent que des cachotteries sur des sujets aussi publics que des prix et moyens de transport, ne peuvent avoir aucune portée; que, si d'un état de choses ignoré, masqué par des abus, il peut résulter un danger, il est utile de le connaître, afin de pouvoir le conjurer, s'il y a lieu, pour le moment où l'abus disparaîtra.

J'ai réuni dans un tableau, annexe deuxième, pages 40 et 41, l'ensemble des prix courans que j'ai recueillis en Suisse, pour les transports qui se font de Trieste, Venise, Milan et Gênes jusqu'à Bâle. Venise et Milan, places en dehors des lignes de transit, nous intéressent peu ; il en est autrement de Trieste et de Gênes qui, pour le transit de l'Allemagne méridionale et de la Suisse septentrionale, sont en concurrence avec nos ports de Marseille et Cette.

Le transport d'une tonne de mille kilogrammes, de Trieste à Bâle, coûte 273 francs. — Celui de cette tonne, de Gênes à Bâle, coûte 245 francs.

Prix moyen : 259 francs. — Dans lequel prix se trouvent compris les péages que l'on paie sur les routes suisses par le Saint-Gothard et Lucerne, s'élevant ensemble à 53 fr. 10 c. (Voir l'annexe deuxième, note A, page 41.)

Je n'ai pas pu me procurer l'ensemble de ces péages pour la ligne du *Splügen*, passant par Coire et Zurich; on verra seulement, à l'annexe deuxième précitée, note C, que dans le seul canton des Grisons, ces péages s'élèvent à 37 francs la tonne, pour 13 myriam. de parcours. *Ce seul péage équivaut à une taxe de 2 francs*

74 centimes la tonne par myriamètre de parcours; il est le prix de l'entretien des routes et de l'amortissement des emprunts contractés pour leur établissement; c'est, en outre, *la principale ressource du budget du canton des Grisons.* Ce péage dispense de l'impôt foncier et personnel, et n'a d'autre corollaire, dans le canton, qu'une légère taxe sur le sel et le produit des postes et messageries qui sont exploitées par l'Etat.

Avec des péages aussi élevés et nonobstant la traversée des Alpes, la Suisse a attiré à elle la plus grande partie du transit qui pourrait se faire, à bien meilleur compte, par les voies navigables intérieures de la France; et elle sert d'ailleurs un mouvement de marchandises non ouvrées considérable, pour sa consommation et son industrie intérieures.

Comme, en France, la tribune et les journaux ont toujours cité les droits de navigation, comme étant le seul obstacle à ce transit français, je vais faire le rapprochement des péages français, du prix des transports suisses.

Deux ports français sur la Méditerranée, Bouc et Cette, se relient au Rhône et aux voies navigables qui aboutissent à Bâle, par le Rhin.

Voici le tableau des droits de navigation à payer sur l'une et l'autre voie.

Tableau des droits de Navigation en vigueur en 1843,

SUR LES LIGNES NAVIGABLES INTÉRIEURES,

De Bouc près Marseille à Bâle.

CANAUX et RIVIÈRES PARCOURUS.	DISTANCE en kilomètres.	TAXES par myriamètre.	MULTIPLICATION de la taxe par la distance.	
		centimes	fr.	cent.
Canal de Bouc à Arles .	47	60	2	82
Rhône, d'Arles à Lyou.	280	3 1|3	0	94
Saône, de Lyon au canal du Rhône au Rhin. .	216	3 1|3	0	72
Canal du Rhône au Rhin.	255	50	12	75
Totaux. . .	798 kil		17 fr. 23 c.	

De Cette jusqu'à Bâle.

CANAUX et RIVIÈRES PARCOURUS.	DISTANCE en kilomètres.	TAXES par myriamètre.	MULTIPLICATION de la taxe par la distance.	
		centimes	fr.	cent.
Canaux des Etangs et de Beaucaire	97	80	7	76
Rhône	265	3 1|3	0	89
Saône.	216	3 1|3	0	72
Canal du Rhône au Rhin.	255	50	12	75
Totaux. . .	833 kil		22 fr. 12 c.	

RÉSUMÉ.

De Bouc, jusqu'au Rhin à Huningue, les péages français sont de   17 fr. 23
De Cette jusqu'à Huningue, ces péages sont de. 22   12

Ensemble. . .   39 fr. 35

La moyenne ne s'élève pas à 20 francs, et Bouc est à 3 myriamètres de Marseille, d'où la marchandise est remorquée pour 75 centimes la tonne.

Le prix de transport moyen, de Gênes et Trieste à Bâle, est de 259 francs.

Le péage moyen sur les voies fluides françaises, entre *Cette*, Bouc et Bâle, est de 20 francs.

Donc 20 francs, à opposer à un prix de transport de 259 francs, ne sont qu'un accessoire insignifiant, que l'ignorance ou la mauvaise foi *seules*, ont pu ériger en obstacle.

Si nos voies navigables étaient complétées, améliorées, uniformes dans leur tirant-d'eau, qu'il n'y eût pas à chaque instant des arrêts, des transbordemens et des avaries, on pourrait, *facilement et sûrement*, remonter la marchandise de la Méditerranée au Rhin, *à moins de 50 centimes la tonne* et le myriamètre (1), le Rhône compris ; ainsi, à un péage moyen de . . . . . . fr.   20

On aurait à ajouter tous les frais de navigation, bénéfices des intermédiaires compris, sur 80 myriamètres , à 50 centimes la tonne et le myriamètre, ci.   40

Ce qui formerait un prix de transport total de. . . . . . fr.   60

à opposer aux 259 francs, coût moyen du transit par la Suisse.

Il y a là une belle marge, propre à stimuler toute nation mercantile. Mais que les Suisses se rassurent (2); en France, les choses se passent comme en nul autre pays. On discutera un siècle avant de chercher à profiter des avantages naturels que la Providence a départis à ce royaume.

---

(1) En voici la preuve. — *Dans l'état d'imperfection* des rivières et d'après les expériences déjà citées, j'attribue en frais de navigation ordinaires, pour une tonne transportée à un myriamètre, 75 centimes pour la remonte du Rhône; — 40 centimes pour la remonte de la Saône. — Les canaux du Midi, parfaits et bien administrés, ne coûtent que 17 centimes. Ce sont ces frais que je vais appliquer au parcours navigable de Bouc jusqu'au Rhin. Ainsi, la tonne transportée

				fr.	c.
sur 28 myriam. de Rhône, d'Arles à la Saône, coûtera, à raison de 75 centimes le myriam.				21	
22	»	de Saône, de Lyon au canal du Rhône au Rhin, à 40	»	8	65
30	»	de canaux d'Arles à Bouc et Rhône au Rhin, à 17	»	5	15
		Restera *encore* pour les transbordemens et autres frais, 6 1|2 le myriamètre.		5	20
			Total. . . .	40 fr.	

40 francs pour 80 myriamètres, donnent bien 50 centimes le myriamètre.

Ces bases ne laissent-elles pas encore une belle marge à l'avenir? aux chances raisonnables et qu'on peut asseoir sur le perfectionnement de nos fleuves et rivières?...

(2) Les opinions sont très partagées en Suisse sur la question du transit, et voici comment cette question est envisagée par M. Kasthofer, dans son patriotique ouvrage sur les Alpes Rhétiennes.

Il dit, aux pages 248 à 254 : « Que le transit nuit à l'économie rurale ; — que, dans l'Engadine
» (Grisons) les fonds qui, même, sont exploités par les propriétaires, le sont avec négligence; que
» le métier de voiturier, qu'ils allient d'ordinaire avec leurs occupations rurales, ne leur permet
» pas d'apporter à celles-ci l'application nécessaire ; — Que les nouvelles routes ouvertes au tra-
» vers le Tyrol par le gouvernement autrichien, détourneront de la Suisse une partie du transit
» actuel (cette réflexion s'appliquera mieux encore au transit par la voie navigable de France), et
» que la Suisse *entière* sera forcée de reconnaître que, dans sa position actuelle, le progrès de l'é-
» conomie rurale et le perfectionnement de son éducation populaire, *constituent presque l'unique*
» *ressource qui lui reste* ! ! ! »

Je résumerai ces réflexions par un rapprochement significatif.

En Suisse, une tonne traversant le canton des Grisons, sur 13 myriamètres, paie 37 francs de péage. (Annexe deuxième, note C, page 41.)

Même péage de 37 francs pour traverser 16 myriamètres des cantons du Tessin et d'Uri. (Annexe deuxième, note A, page 41.)

Et ces péages, prélevés sur un prix de transport total de 259 francs avec lequel la marchandise afflue, *forme la principale branche du revenu de ces cantons, après avoir suffi à l'entretien des routes et à l'amortissement des emprunts faits pour leur confection.*

Et ce sont des faits certains, *incontestables.*

En France où, pour 80 myriamètres de parcours navigable, on ne paie que 20 francs de péage, où le transport total pourrait ne coûter que 60 francs au lieu de 259, il circule peu de marchandises en transit, et *la presse, la tribune, le commerce, l'opinion publique en un mot,* accusent et signalent l'exagération des péages comme *la seule* cause du mal.

Oui, 74 fr. de péages, en Suisse, pour 29 myriamètres de routes de terre (1), 20 francs de péages, en France, pour 80 myriamètres de voies navigables! !

Oui, 259 francs de prix de voiture payés en Suisse, à opposer à 60 francs, prix *possible* en France ! !

Voilà les faits, en présence desquels on attribue l'absence du transit, en France, *à l'exagération des droits de navigation.*

Voilà comment on trompe le pays… Est-ce donc en tronquant ainsi la vérité, qu'on parviendra à remédier au mal.

(1) C'est une chose digne de remarque que de voir la démocratie pure, en Suisse, et l'absolutisme, en Prusse, envisager de la même manière la question du péage *rémunérateur* sur les routes de terre; je viens de citer un exemple qui m'est fourni par les cantons suisses des Grisons, d'Uri et du Tessin; en voici un autre, qui concerne la Prusse et que j'ai extrait *textuellement* d'un rapport fait en février 1843, par un ingénieur de Berlin : Il y est dit : « *L'impôt sur le sel vient d'être dimi-* » *nué en Prusse de huit millions…! c'est par le même impôt que la France, au commencement du siè-* » *cle, a remplacé les barrières établies sur ses routes. La Prusse en aurait pu faire autant; mais le Roi* » (de Prusse) *cédant au vœu de la majorité des Etats Provinciaux, a préféré soulager directement la* » *nation, en allégeant l'impôt qui pèse sur une des premières nécessités de la vie, qui allège particuliè-* » *rement les basses classes de la société.* »
En France, où l'on se pique de libéralité; on conserve *soigneusement* l'impôt sur le sel, de 28 fr. pour cet hectolitre qui vaut 2 fr. sur les marais salans, et non content de la franchise des routes de terre, on voudrait étendre cette franchise aux voies navigables. Comprendra-t-on enfin, où nous mène cette singulière économie?

Annexe Première.

La Suisse est redevable de plusieurs excellens ouvrages sur l'aménagement et la culture des bois à **M. Charles KASTHOFER**, haut-forestier suisse : **Voici** quelques termes du **Rapport** fait sur ses ouvrages par **M. PFEIL**, Directeur-Général de l'École des Forêts à l'Université de Berlin.

« Les forêts de la Suisse, dont la conservation est si nécessaire à la prospé-
» rité de ce pays, sont, pour la plupart, entre les mains des communes et des
» particuliers, grevées de tant de droits usagers, que les gouvernemens,
» même avec les meilleures intentions, se voient dans l'impossibilité d'y intro-
» duire un aménagement régulier; ajoutez à cela la division du sol, sa situation
» dans des montagnes escarpées, le parcours et tant d'autres circonstances qui
» doivent en rendre l'inspection difficile. Cet état de choses a inspiré à M. Kas-
» thofer, déjà avantageusement connu par plusieurs ouvrages et par son patrio-
» tisme, l'idée d'intéresser les campagnards à la conservation des bois et de ren-
» dre populaire une bonne économie forestière. C'est dans ce but qu'il a écrit
» son ouvrage, intitulé : *Guide dans les Forêts.*
    » Heureux le pays où les inspecteurs forestiers reconnaissent le principe, qu'il
» vaut mieux éclairer le peuple sur ses véritables intérêts, que de le contrain-
» dre par des lois auxquelles il est presque impossible d'obéir »

Maintenant, voici comment M. Kasthofer recommande la conservation des bois aux paysans suisses :

« Si l'on vous enseignait une méthode de soigner et de conserver les forêts,
» qui sont encore sur pied, de rétablir par des semis et des plantations celles qui
» ont été détruites, tout en cultivant vos champs et sans diminuer votre bétail,
» nul doute que cette méthode n'excitât puissamment votre intérêt et n'obtînt votre
» approbation. Eh bien, c'est ce que j'ai l'espoir de vous apprendre, en démontrant
» que votre nourriture, la prospérité de vos troupeaux, de qui vous tirez du
» laitage, de la viande, des laines, des peaux et des cuirs, ne dépendent pas unique-
» ment de vos champs et de vos pâturages, mais que les arbres même des forêts
» peuvent beaucoup contribuer, sans nuire à la production si essentielle des bois,
» à augmenter, par leur feuillée, toutes ces sources de votre aisance. De cette

» manière, la science forestière ne paraîtra plus l'ennemie déclarée du pauvre
» montagnard, dont la chèvre broute trop souvent les pousses annuelles de nos
» bois, déjà si clairs et si dévastés.

» Pour réussir, mes amis, il faut que vos vues et vos efforts concourent au but
» que je me suis proposé d'atteindre, par lequel je croirai avoir mérité votre
» amour et votre reconnaissance. Avant de développer ces moyens, je veux
» dire quelques mots sur une vertu nécessaire pour en assurer le succès. Jadis
» on la vit briller dans notre patrie, où maintenant elle est, sinon méconnue,
» du moins oubliée d'un grand nombre, quoiqu'elle soit le fondement de la pros-
» périté de chaque commune, de chaque état où les citoyens l'ont en honneur et
» savent l'exercer.

» Par elle, on voit fleurir l'agriculture, les arts et le commerce; les républiques
» échapper aux dangers qui les menacent de la part des ennemis de leur liberté. C'est
» elle encore qui parvient à créer dans des déserts de magnifiques forêts, à domp-
» ter la fureur des torrens, à retenir ces terribles avalanches qui, précédées
» d'impétueux ouragans, se précipitent du haut des rochers avec le fracas du
» tonnerre sur vos paisibles hameaux. —Devinez, chers compatriotes, le nom de
» cette vertu qui opère tant de merveilles ? »

§ IV.

De l'amour du bien public et de son influence sur la conservation et l'amélioration des Forêts.

———

« Pour faire ressortir cette belle qualité, dessinons le portrait de ceux à qui
» elle manque, de ces égoïstes qui ne sont soumis qu'à une seule loi, animés que
» par un seul mobile, l'intérêt personnel, dans lequel, en effet, paraissent con-
» centrées leurs vues et leurs affections. Le bonheur de leurs concitoyens, le
» bien de la patrie, celui de l'humanité les touchent peu; la misère du peuple,
» son ignorance, source féconde de ses souffrances et de ses vices, ne peuvent les
» émouvoir. Si quelquefois ils font des actes de bienfaisance, de charité, c'est
» pure ostentation; *ils ne plantent ni ne sèment que pour eux-mêmes.*

» Vous connaissez, chers compatriotes, les actions héroïques et généreuses de
» Winkelried et d'Erlach; ces hommes qui se dévouèrent pour leur patrie,
» vous n'en pouvez douter, auraient aussi semé et planté des arbres pour la
» postérité (1).

(1) Je supprime l'historique des actions héroïques de Winkelried et d'Erlach, qui intéresserait
peu la France, et qui est d'ailleurs bien connu.

» Cherchons des modèles à d'autres sources :

» Le patriarche Abraham, quoiqu'étranger et voyageur au pays des Philistins,
» a voulu y laisser un durable monument de sa bienfaisance, par la planta-
» tion d'un bois de chênes en Beer-Sebah.

» En lisant, dans l'Histoire-Sainte, le récit des magnifiques constructions fai-
» tes avec les bois de cèdre et de sapin, tirés des montagnes du Liban, du Carmel
» et du Thabor, par les rois de Juda et d'Israël , on se demande qui avait soi-
» gné et préservé ces belles forêts, et tant d'autres éparses dans le pays dont au-
» jourd'hui, sous le despotisme ottoman, il reste à peine quelques arbres, si-
» non les anciens et les peuples de la Syrie, animés d'une paternelle sollicitude
» pour leurs descendans.

» Je m'adresse donc à vous, riches, qui avez reçu de grandes portions de la
» terre en héritage, si vous voulez en mériter la possession et vous montrer de
» vrais disciples du Sauveur, méditez ce sublime précepte, fondement du bon-
» heur social, et avec ce qu'il prescrit à chacun de faire : *Semez, plantez pour
» votre prochain;* cette morale n'a point été étrangère à l'antiquité païenne. *Don-
» ner des enfans à la patrie, et les élever dans l'obéissance aux lois divines ;
» planter des arbres utiles et les cultiver avec soin, voilà des actions qui mé-
» riteront le bonheur céleste,* a dit Confucius aux Chinois, et il observa ces pré-
» ceptes, il planta pour la postérité, il vécut pour le bien de l'humanité.

» Le désir le plus ardent de mon cœur, très chers compatriotes, serait de pou-
» voir graver dans les vôtres ces salutaires maximes et ces beaux exemples. Cepen-
» dant, je n'ose pas trop espérer que mon livre parvienne à convertir les égoïs-
» tes et à leur inspirer cet amour, sans lequel cependant, rien de bon, d'utile,
» de grand, ne peut être fait dans la société; car, ce n'est pas le pauvre à qui un
» travail journalier suffit à peine à l'entretien de sa famille, qui serait en état
» de prendre pour des établissemens utiles à lui-même et à sa commune, au-
» cune portion de son chétif revenu.

» Si donc mes conseils doivent vous être avantageux , il faut que le pauvre
» comme le riche, que l'égoïste comme l'homme généreux, puissent en faire leur
» profit; c'est-à-dire que, mis en pratique, ils soient de nature à satisfaire les
» besoins du campagnard indigent, et à seconder les vues nobles et désintéres-
» sées de l'ami de l'humanité, de celui qui aspire à la gloire d'être le bienfaiteur
» des générations futures.

» Tel est, chers amis, le but de mon livre. Que Dieu bénisse mes efforts. »

(Extrait des pages 15 à 19 de l'introduction du *Guide dans les Forêts*, par Charles Kasthofer. —
En vente, chez Victor Michel, à Porrentruy.)

Annexe deuxième.

Moyenne des Prix de transport ressortant des cours qui m'ont été indiqués, en Septembre et Octobre 1843, pour les marchandises

ordinaires **transportées entre l'Italie et Bâle,**

Par le Splügen, le Bernardin et le Saint-Gothard (Alpes),

PAR CENT KILOGRAMMES.

PROVENANCE DES PRIX COTÉS.	DE TRIESTE A BALE.	DE GÊNES A BALE.	DE VENISE A BALE.	DE MILAN A BALE.	
Zurich.	26 fr.	25 fr.	24 fr.	22 fr.	60.
Lucerne.	29	26	28	21	»
Coire.	24	26	»	»	»
Bâle.	27	24	»	20	30
Fleuelen.	28	22	27	22	90
Bellinzona.	30	24	27	22	»
Moyennes	27 fr. 33 c.	24 fr. 50 c.	26 fr. 50 c.	21 fr. 75 c.	

RÉCAPITULATION PAR Tonne de 1000 kilogrammes.

Le transport de 1,000 kilogrammes, de Trieste à Bâle, coûte 273 fr. — Le trajet se fait en 32 jours environ.

—	de Gênes à Bâle,	245	id.	22	id.
—	de Venise à Bâle,	265	id.	25	id.
—	de Milan à Bâle,	217	id.	18	id.

NOTE B.

NOTA. Dans ces prix figurent environ 53 fr. de droits de péage et de transit perçus par les cantons suisses ou le gouvernement fédéral suisse, suivant le détail ci-après, page 84.

NOTE A.

de Milan à Bâle. 217   id. 25 id.

par les cantons suisses ou le gouvernement fédéral suisse, suivant le détail ci-après, page 4..

NOTE B.

DROITS ET PÉAGES PAYÉS EN SUISSE POUR LE TRANSIT DES MARCHANDISES

ALLANT D'ITALIE A BALE PAR LE SAINT-GOTHARD.

		Pour 50 kilogrammes.		
		francs.	centimes.	millimes.
	Canton du Tessin.	0	95	70
	id. d'Uri.	0	93	70
PÉAGES des Cantons Suisses sur la ligne de transit d'Italie à Bâle.	id. de Lucerne.	0	32	57
	id. de Soleure.	0	04	28
	id. d'Argovie.	0	04	28
	id. de Bâle.	0	37	00
	Pour 50 kilogrammes. TOTAL.	2 fr.	65 c.	55 mill.
	Pour 1,000 kilogrammes.	53 fr.	10 c.	(a) 0 mill.

(a) Ce droit concerne la plus grande partie des marchandises ; les spiritueux et les fromages en paient un plus élevé.

RÉSUMÉ :

Les droits à la traversée du canton du Tessin, sont par 1,000 kilog. de. 18 fr. 74 c.
— à celle du canton d'Uri   id. 18   74

ENSEMBLE. . . . . 37 fr. 48 c. pour mille kilogrammes franchissant 16 myriamètres et demi, parcours dans les deux cantons, répondent pour un myriamètre à. . . . . 2 fr. 26 c.

NOTE A.

DÉTAIL DES DROITS ET PÉAGES ACQUITTÉS PAR 50 KILOGR. DE MARCHANDISES A LEUR TRAVERSÉE DANS CHACUN DES CANTONS D'URI ET DU TESSIN.

		livres suisses.	rappes.
	Droits cantonnaux et ancien péage.	0	16
	Péage nouveau accordé par la Diète.	0	55 1[3
PÉAGES des cantons du Tessin et d'Uri.	Droits de douane	0	12 1[2
	Droits de refuge (di ricovero).	0	01 1[4
	Droits pour le déblaiement de la neige.	0	02 1[2
	LIVRES SUISSES.	0	65 6[10

Au change de 70 rappes pour 1 franc, répondent à 0 fr. 93 centimes 7[10.

NOTE C.

DÉTAIL DES DROITS ACQUITTÉS PAR 50 KILOGRAMMES DE MARCHANDISES A LEUR TRAVERSÉE DANS LE CANTON DES GRISONS.

		florins.	kreutzers.
	Transit payé à l'entrée du canton.	0	12
	Pontonnage à Brandis.	0	1
	Péage pour tout le canton.	0	21
PÉAGES du canton des Grisons.	Pontonnage à Tardisbruck.	0	1
	Prime aux actionnaires de la route du Bernardin.	0	25
	Pontonnage à Landquart et Reichenau.	0	5
	Frais de douane et d'entrepôt à Coire.	0	5
	FLORINS.	1	6
	Au change de 167 fr. pour 100 florins, égalent	1 fr.	85 c.
	Pour 1,000 kilogrammes et pour 13 myriamètres et demi.	37 fr.	
	Par myriamètre.	2 fr.	74 c.

NAVIGATION DU RHÔNE.

Le Rhône partage avec la Garonne l'avantage capital sur les autres cours d'eau navigables du royaume, d'avoir des eaux abondantes en été, par suite de la fonte des glaces auxquelles ce fleuve doit son principe.

Pendant l'hiver, la fonte des glaces cessant, et le vaste lit du Rhône n'étant plus alimenté que par ses affluens, il était rare jusqu'ici que la navigation y fût interrompue par des crues extraordinaires.

Les inondations des trois dernières années, survenues à de longs intervalles, avec de pareilles catastrophes, ont jeté de la complication dans les questions qui se rattachent aux améliorations qu'on projette sur le Rhône, pour la protection des contrées riveraines, ou dans l'intérêt de la navigation.

Il ne m'appartient pas de m'immiscer dans ces questions d'art; je me bornerai donc à faire ressortir ici l'importance commerciale de la navigation du Rhône et de porter à la connaissance publique, les difficultés *vulgaires* dont l'aplanissement aurait pour effet immédiat de rendre cette navigation plus facile et moins coûteuse.

Pour mieux faire ressortir l'importance du mouvement commercial qui se pratique sur le Rhône, je vais le comparer avec celui qui a lieu sur la Garonne. Suivant le détail au chapitre de cet écrit, qui concerne la Garonne, la circulation totale sur ce fleuve est ramenée au chiffre de 164,000 tonnes, dont le transport *moyen* s'effectue en 9 jours 1|3 au prix moyen de 13 fr. 64 centimes pour un trajet de 287 kilomètres.

Cela répond à 47 centimes 1|2 pour la tonne ramenée au parcours d'un myriamètre. C'est donc pour améliorer ces conditions du transport, qui, à peu de chose près, existaient depuis bien des années, qu'on emploie 50 millions à creuser un canal *latéralement à la Garonne*. Eh bien, il résulte des investigations minutieuses que j'ai faites à l'égard des transports sur le Rhône, et dont je vais donner une analyse rigoureuse, que 307,000 tonnes qui y circulent sur un parcours de 285 kilomètres, sont transportées en 9 jours 2|3 en moyenne, au prix de 28 francs 74 centimes la tonne, ce qui constitue une proportion de 1 fr. pour la tonne transportée à 1 myriamètre.

RÉSUMÉ.

Garonne. — 287 kilomètres.	Rhône. — 285 kilomètres (1).
164,000 tonnes — 9 jours 1|3 de voyage — 47 centimes 1|2 la tonne et le myriamètre.	307,000 tonnes — 9 jours 2|3 de voyage — un franc, prix de transport.

(1) Les plans dressés, en 1843, par MM. les ingénieurs attachés à la navigation du Rhône, indiquent, contrairement aux anciennes mesures, 294 kilomètres entre Arles et Lyon. La mesure précédente était 285, *et c'est encore la base de la perception*; mais si l'on veut répartir mon prix de transport moyen de 28 fr. 74 c. sur le parcours de 294 kilomètres, on aura pour la tonne transportée à un myriamètre, 97 centimes 3|4 — au lieu de un franc. — C'est toujours plus du double du prix moyen de transport sur la Garonne, qui est de 47 centimes 1|2 !!!

Tableau des Transports qui s'effectuaient par le Rhône entre Lyon et Arles,

EN 1842 ET 1843, SUR UN PARCOURS *maximum* DE 285 KILOMÈTRES.

MOYEN DU TRANSPORT ET SA DIRECTION.	TONNAGE COMBINÉ SUR LES BULLETINS DE PERCEPTION DU TRÉSOR, et les renseignemens fournis par les Compagnies de bateaux à vapeur.	DURÉE *MOYENNE* DES TRAJETS.	PRIX MOYEN DU TRANSPORT D'UNE TONNE, DÉDUCTION FAITE DU CAMIONAGE, suivant les données mentionnées à la note (B) ci-dessous.
Remonte. Vapeur.	49,000 tonnes.	4 jours.	55 fr. 50 c. la tonne.
Bateaux ordinaires. . .	59,000 »	35 jours.	44 50 »
Descente. Vapeur.	27,000 »	1 jour 1|2.	23 75 »
Bateaux ordinaires. . .	172,000 »	4 jours.	16 50 »
Total.	307,000 tonnes.	9 jours 2|3 (moyenne générale).	28 fr. 74 c.

NOTE B,

Pour que chacun PUISSE VÉRIFIER *les chiffres du tableau, voici les élémens sur lesquels je les ai composés.*

PRIX INDIQUÉS POUR *LA REMONTE* D'ARLES A LYON, par 100 kilogrammes marchandises.

PAR VAPEUR. — NATURE DU PRIX DE LA MARCHANDISE.

Fr.	Cent.	
7	50	maximum lourde.
3	85	minimum dito.
8	50	maximum encombrante.
4	50	minimum dito.
6	05	moyenne. — A déduire.
»	50	camionage.
5	55	net, pour 1,000 kil. 55 fr. 50.

PAR BATEAUX ORDINAIRES. — NATURE DU PRIX DE LA MARCHANDISE.

Fr.	Cent.	
5	23	maximum lourde.
2	75	minimum dito.
6	»	maximum encombrante.
3	75	minimum dito.
4	45	moyenne, sans camionage.

Pour 1,000 kilogrammes 44 fr. 50 c.

PRIX INDIQUÉS POUR *LA DESCENTE* DE LYON A ARLES, de 100 kilogrammes marchandises.

PAR VAPEUR. — NATURE DU PRIX DE LA MARCHANDISE.

Fr.	Cent.	
5	»	maximum lourde.
1	50	minimum dito.
4	»	maximum encombrante.
2	»	minimum dito.
2	62 1|2	moyenne. — A déduire
»	25	camionage.
2	37 1|2	net pour 1,000 kil. 23 fr. 75.

PAR BATEAUX ORDINAIRES. — NATURE DU PRIX DE LA MARCHANDISE.

Fr.	Cent.	
1	75	maximum lourde.
0	95	minimum dito.
2	50	maximum encombrante.
1	45	minimum dito.
1	65	moyenne. — Sans camionage.

Pour 1.000 kilogrammes 16 fr. 50 c.

Transport de Givors à Arles.

Prix indiqués pour les mêmes années, et pour la **descente** *de 100 kilogrammes de marchandises de* **Givors** *à* **Arles** *par Bateaux ordinaires.*

Fr.	Cent.	
0	95 3	moyenne de trois prix indiqués pour la houille.
1	70 »	id. id. pour les fers.
1	85 7	id. id. pour l'encombrant.
1	49 6	soit: 14 fr. 96 c. la tonne pour 260 kilomètres. — Ce qui répond à 16 fr. 50 c. pour 285 kilomètres parcours de Lyon à Arles.

NOTA concernant le prix de Givors.

16 fr. 50 c. prix de transport pour 285 kilomètres de Lyon à Arles, répondent à 14 f. 96 c. prix ci-contre pour 260 kilomètres qui séparent Givors d'Arles.

La parfaite identité de ces prix recueillis à des sources et des lieux divers, en établit la rigoureuse exactitude.

OBSERVATIONS.

DEUX OBJECTIONS PEUVENT ÊTRE FAITES A CE TABLEAU. — La première est celle-ci. — Votre moyenne peut faillir, car le Rhône a pu donner passage à plus de marchandises lourdes que de marchandises précieuses et encombrantes:.. Le dépouillement que j'ai fait des bulletins de perception du Trésor va réfuter cette objection. — Sur 307,000 tonnes ramenées au parcours de Lyon à Arles, 165,000 étaient de première classe, 142,000 seulement de deuxième classe:...

La seconde est celle-ci. — Vos transports, comparés sur la Garonne et le Rhône, ont bien similitude de durée : 9 jours 1|5 sur la Garonne et 9 jours 2|5 sur le Rhône, mais la vapeur entre dans cette moyenne du Rhône, et ne figure pas dans le chiffre de la Garonne; basez donc vos comparaisons sur une similitude de moyens de transports. — Voici pour ce cas, la moyenne des transports effectués sur le Rhône, **par les seuls bateaux ordinaires.**

254,000 tonnes transportées à 285 kilomètres, au prix moyen, pour descente et remonte, de 23 fr. 50 la tonne, ce qui donne 83 centimes pour prix de transport de la tonne à un *myriamètre*; mais, dans ce cas, la durée moyenne du transport est de 11 jours 4|5. — La comparaison entre les deux fleuves précités serait alors ramenée aux termes ci-après : 47 centimes 1|2 Garonne ; 9 jours 1|5 durée du voyage. — 85 centimes Rhône ; 11 jours 4|5 durée du voyage.

Pour arriver à la connaissance exacte des élémens de transport du Rhône, j'ai consulté le commerce riverain, et c'est l'ensemble des chiffres indiqués, chiffres que j'ai rapprochés et fondus ensemble, dont j'ai écarté quelques exagérations ou prix exceptionnels, que je vais présenter dans le tableau ci-annexé.

Les rapprochemens que je fais plus haut entre la circulation du Rhône et celle de la Garonne, les renseignemens qui les étayent et qui sont réunis dans le tableau que je produis, sont significatifs et dispensent de tous commentaires.

L'amélioration des conditions navigables du Rhône est donc une nécessité impérieuse de l'époque; quoique je me reconnaisse incompétent pour discuter les meilleurs moyens d'effectuer cette amélioration, je crois pouvoir signaler au pays les empêchemens les plus *vulgaires* auxquels il s'agirait de remédier :

1° Sur les 285 kilomètres de parcours entre Lyon et Arles, il n'y aurait que 20 kilomètres de hauts-fonds où, à l'étiage, on n'obtiendrait que 60 à 75 centimètres d'immersion. Partout ailleurs la profondeur du fleuve dépasserait 1 mètre;

2° Quatre ponts suspendus dont les tabliers sont *particulièrement* à relever (Andance, Tournon, Serrières, Givors);

3° La suppression de quelques arches du pont Saint-Esprit affranchirait la navigation, de tributs constans et onéreux, de fréquentes avaries, même de sinistres ;

4° Écueils, ou vieilles piles d'anciens ponts *démolis jusqu'à fleur d'eau*, en amont du pont de Vienne, près le bourg Saint-Andéol, les ponts de Rochemaure et de Tournon.

En thèse générale, l'examen attentif des travaux déjà exécutés sur le Rhône, sur la Garonne, tant par l'Administration que par les particuliers, travaux où des fautes ont été faites de part et d'autre; cet examen impartial serait un enseignement utile pour les améliorations à faire. Mais, pour ce, il faut s'entourer des observations des praticiens, il faut encore se mettre en garde contre l'influence qu'exerce, souvent à notre insu, l'amour de nos propres œuvres.

Les bateaux à vapeur qui sillonnent le Rhône ont déjà restreint, soit la quantité des transports effectués par le roulage sur les routes rivales, soit les transports qui se faisaient par les bateaux ordinaires; cependant, il reste encore d'importantes et *utiles* conquêtes à faire sur le roulage, peut-être aussi sur la navigation ordinaire. Mais je suis loin de croire à la destruction de celle-ci, et bien plus éloigné encore de la désirer; sa conservation me paraît, au contraire, une condition d'intérêt public, soit comme concurrence à opposer aux bateaux à vapeur, soit comme moyen de conserver à l'État cette pépinière d'hommes robustes que forme et entretient la navigation fluviale.

En s'appliquant à faciliter la circulation des bateaux à vapeur, il serait encore d'une grande utilité de ménager sur les rives du Rhône, autant que faire se pourra, un bon et solide chemin de hâlage, hâlage qui affranchirait les bêtes de trait de ces alternatives meurtrières de travail dans l'eau et hors de l'eau (1). Il se

---

(1) Les chevaux de hâlage employés sur le Rhône coûtent de 500 francs à 1000 francs et ne durent que 3 à 5 ans, il s'en noye fréquemment; on m'a cité un équipage de 48 chevaux qui s'est noyé *en entier* près du ruisseau de Saluan, dans le département de l'Isère.

pourrait, en beaucoup d'occasions, que le hâlage et l'endiguement fussent une opération connexe et unique.

J'ai cherché à me rendre compte du coût de la traction ordinaire dans les conditions actuelles du Rhône, mais les usages de la marine de ce fleuve sont différens de ceux en vigueur sur les autres fleuves; sur le Rhône, les entrepreneurs de transport sont propriétaires des chevaux de hâlage; ce ne sera donc que par aperçu ou approximation que je pourrai faire une évaluation. L'on a vu à la note B du tableau des transports sur le Rhône, que la marchandise lourde coûtait à la remonte d'Arles à Lyon, 27 fr. 50 c. la tonne — ce qui pour cent tonnes, équivaut à. . . . . 2,750 fr.

L'entrepreneur emploie pour ce transport des bateaux descendus dont la remonte à vide lui est payée en moyenne. 600

Il n'est donc censé débourser pour la remonte de 100 tonnes de marchandises lourdes que . . . . 2,150 fr.

Soit 21 fr. 50 c. par tonne transportée à 28 myriamètres 1∣2, ce qui égale 75 c. par myriamètre. — Si l'on calculait sur le prix moyen de la *note B* qui est de 4 fr. 45 c. — On aurait pour 100 tonnes. . 4,450 fr. d'où à déduire la remise pour le bateau *vide* remonté . . . 600

resterait. . 3.850 f., proportion de 1 f. 35 c. pour la tonne et le myriamètre. — Mais ce prix moyen, plus encore que le prix inférieur de 2 fr. 75 c. comporte des bénéfices et des frais de marine inhérens au mauvais état de la voie; il englobe des marchandises *encombrantes* que j'ai *écartées* des bases adoptées, pour former le prix de traction sur d'autres rivières.

Somme totale, je présente mon chiffre de 75 centimes pour les frais de remonte sur le Rhône, d'une tonne à un myriamètre, comme une éventualité rationnelle qui doit peu s'écarter de la réalité et qui laisse une belle marge aux perfectionnemens possibles sur ce fleuve.

Espérons pour l'honneur et la prospérité du pays que ces perfectionnemens ne se feront plus attendre, et qu'ils seront entrepris sur une vaste échelle pour être conduits à bonne fin, *sans désemparer*.

La navigation du Rhône est censée *fluviale* jusqu'à Arles et maritime d'Arles à la mer. — Il n'en coûte guère plus d'aller de Lyon à Arles que de s'arrêter à Avignon ou Beaucaire. — Arles est d'ailleurs le lieu des transbordemens qui se font pour gagner la mer ou pour prendre le canal qui aboutit au port de Bouc, direction qui semble avoir été méconnue jusqu'à ce jour. — Au lieu de suivre le canal de Bouc, pour de là gagner Marseille, qui en est à 3 myriamètres, on a le plus souvent préféré, jusqu'ici, de gagner la mer par les Bouches-du-Rhône, malgré les inconvéniens et les dangers de cette embouchure.— Ces dangers consistent en bancs de sable qui se déplacent incessamment et dont la difficulté augmente par la violence des vents et les basses eaux; ils donnent lieu à des retards, des avaries et des naufrages; ils sont surtout un prétexte, une occasion d'avaries que la mauvaise foi exploite; enfin la navigation de cette partie inférieure du Rhône, bien que le courant y soit très faible, exige aussi bien que la partie supérieure du fleuve, un équipage nombreux, de 3 à 6 hommes par bateau chargé de 40 à 150 tonnes. — Cette circonstance tend à contrebalancer l'avantage de vitesse qu'offre *quelquefois* la navigation du Rhône sur celle du canal et les droits de navigation du canal qu'on épargne en suivant le Rhône.

Il est donc probable que la circulation de la partie du Rhône qui est inférieure à Arles sera abandonnée dès qu'une bonne navigation sera établie sur le canal qui relie Arles au port de Bouc (1).

Si comme des ingénieurs locaux le croient, un endiguement du fleuve doit s'effectuer au-delà d'Arles; cette mesure devra être considérée non point par rapport à l'amélioration du fleuve lui-même, mais comme protection du canal d'Arles à Bouc et des propriétés limitrophes du Bas-Rhône, contre les inondations qui depuis quelques années ont renversé et comblé plusieurs fois le canal et envahi les propriétés riveraines.

CANAL D'ARLES AU PORT DE BOUC

ET

PORT DE BOUC.

Le canal d'Arles, au port de Bouc, a été conçu pour remédier aux inconvéniens de l'embouchure du Rhône, inconvéniens dont j'ai dit quelques mots au chapitre précédent. Mais l'on retrouve, à l'examen de son exécution, la reproduction des mêmes fautes qui entachent l'exécution des autres canaux de 1821 et 1822, que j'ai décrits dans mes Etudes pratiques de 1841 et 1842.

C'est en m'appuyant sur la grave autorité de M. l'inspecteur-général Dutens, pages 156 à 160, du premier volume de son ouvrage sur la navigation intérieure, que je prouverai ce que j'avance :

Le conseil général des ponts-et-chaussées arrêta, le 4 juin 1809, « que le » premier bief du canal d'Arles à Bouc serait mis en communication avec le Rhône, » immédiatement à l'aval du canal de Craponne, et que ce premier bief *serait établi à la hauteur de l'étiage du Rhône.* » On admettait bien la simultanéité d'arrivée, dans le même bief, des eaux du Vigueirat; mais, vu l'établissement de ce premier

(1) Je crois d'autant mieux à l'abandon, par la batellerie, du Rhône inférieur qu'en 1842 j'ai navigué de Bouc à Marseille avec un patron propriétaire de cinq bateaux pontés et quillés, qui déjà quittait le Rhône pour le canal, avec de faibles charges de 40 tonnes au lieu de 200, que la capacité du canal permettrait. — Il s'appuyait sur l'économie des hommes et l'avantage de la remorque à la vapeur de Bouc à Marseille; on paie 1 fr. 50 la tonne, pour remorque de Bouc à Marseille, et *seulement* 75 centimes pour le retour. — Cette remorque peut se faire facilement et sans dangers, en quelques heures, et 240 jours de l'année.

bief, *au niveau des plus basses eaux du Rhône*, l'introduction des eaux du Vigueirat ne pouvait être envisagée que comme moyen d'écoulement d'un cours d'eau, qu'autrement il eût fallu faire passer au-dessus ou au-dessous du canal. Intervint, en 1819, un nouveau rapport des ponts-et-chaussées qui confirme les dispositions de celui de 1809; indiquant en dépenses supplémentaires à la confection du canal : 1,800,000 francs en travaux de dessèchement, et 1.500.000 *francs pour la confection des digues du Rhône et de la Durance*.

Avant de passer outre, je poserai cette question : *Les crues de 1840, 1841 et 1843 auraient-elles rompu et envahi le canal, détruit des ouvrages importans, si les digues reconnues nécessaires en 1819 avaient été établies?*

Je crois que ces digues n'ont point été établies; des ingénieurs locaux m'ayant parlé de ce complément comme d'une chose *à faire et des plus urgentes*.

Après les rapports susmentionnés de 1809 et 1819, de nouvelles études furent faites postérieurement à l'adjudication de l'emprunt souscrit, en 1822, par la compagnie Odier, pour l'achèvement du canal.

M. Dutens en parle, sans mentionner aucune modification au niveau du canal avec le Rhône, mais c'est à cette occasion qu'apparaît, *pour la première fois*, l'idée d'un canal latéral au Rhône, avec lequel on pensait relier le canal d'Arles à Bouc.

Est-ce à cette prévision, qui ne s'est point réalisée, *qui ne se réalisera jamais*, que l'on doit attribuer l'exécution du premier bief du canal d'Arles à Bouc, à 1^{m}45 au-dessus de l'étiage du Rhône? ou est-ce à la crainte de la rencontre, dans ce premier bief, d'un banc de poudingue dont on redoutait la dépense d'extraction?

Plusieurs ingénieurs, attachés aux voies du Midi, attribuent à cette dernière cause (au banc de poudingue), cette incohérence de niveau avec le Rhône; cependant on peut lire, à la page 156, premier volume Dutens : « Que de nouvelles » sondes faites entre la ligne d'arrête et le Rhône, prouvèrent que le banc de » poudingue ne se trouvait, *à quelques petites longueurs près*, entre le Vigueirat » et le Rhône (situation du canal), *qu'à deux mètres de profondeur au-dessous* » *de la mer.* »

Ce n'est donc point à ce banc de poudingue que doit être attribué le fâcheux dénivellement du canal d'Arles à Bouc avec le Rhône; il faut donc l'attribuer à l'idée de jonction avec un canal latéral au Rhône, qui ne se fera jamais (1); autrement il faudrait admettre que la folle idée d'économiser quelques centaines de mille francs pour éviter tout-à-fait la rencontre des poudingues, a fait creuser le premier bief du canal, de 2,500 mètres de longueur, à 1^{m}45 au-dessus des basses

---

(1) On a parlé de la possibilité de faire remonter le canal d'Arles à Bouc jusqu'à Tarascon, au moyen d'un embranchement latéral au Rhône, qui s'alimenterait dans le Rhône, à un niveau correspondant à celui du premier bief du canal d'Arles.—Sans doute que cette idée ne fût bonne, si les canaux du Midi débouchaient à Tarascon; mais ils débouchent à Beaucaire, sur la rive opposée du fleuve, au niveau des eaux du Rhône, ce qui ne permet pas un pont aqueduc; de telle sorte que toute canalisation latérale entre Tarascon et Arles, si elle n'avait pour but que la liaison des deux lignes de navigation, *serait une grave faute.*

eaux du Rhône. L'idée eût été d'autant plus folle que, si l'on faisait des économies en terrassement, on construisait une écluse en plus !

Quelles que soient les causes de cette fâcheuse combinaison, il importe à tous les intérêts qui se rattachent au canal d'Arles à Bouc, *qu'il y soit remédié au plus vite.*

Il faut, d'ailleurs, démolir et reconstruire l'écluse d'embouchure, dans le Rhône, de cette partie manquée du canal d'Arles à Bouc; il faut démolir cette écluse parce qu'elle a été construite à une vingtaine de mètres distante du Rhône, où elle débouche, ce qui forme un linguet ou avant-port où viennent se déposer les vases du canal de Craponne, qui débouche aussi dans le Rhône, à côté et en amont du canal d'Arles à Bouc (1). Cette circonstance nécessite des dragages continuels et dispendieux, et occasionne des entraves et des arrêts à la navigation.

L'écluse d'embouchure dans le Rhône du canal d'Arles à Bouc devant être démolie et reconstruite, à tout évènement, il n'y aura d'autres travaux nécessités pour l'abaissement de niveau du premier bief du canal, que la suppression de l'écluse qui sépare le premier du deuxième bief. Mais, quand bien même il en serait autrement, que ce changement de niveau entraînerait des dépenses relatives aux ponts et à l'entrée du Vigueirat, tout cela ne peut être mis en balance avec l'importance qui existe, à assurer l'alimentation régulière du canal d'Arles à Bouc, condition qu'on ne peut obtenir, dans les basses eaux du Rhône, avec la seule ressource du Vigueirat. Une autre considération doit hâter la réalisation de cette rectification de niveau. Les barques qui arrivent au port de Bouc, sont remorquées de là jusqu'à Marseille et *vice versà*, par des bateaux à vapeur qui opèrent cette remorque avec promptitude, sûreté et économie. Il faudrait que ces remorqueurs pussent, au besoin, arriver jusqu'à Arles et la chose deviendrait d'autant plus facile avec la rectification de niveau dont j'émets le vœu, qu'ils n'auraient plus, alors, qu'une *seule* écluse à franchir.

D'ailleurs, les bateaux à vapeur qui vont de Marseille à Arles, par les Bouches-du-Rhône, seraient attirés sur le canal lui-même, au moyen des rectifications et améliorations que j'indique; si quelques autres travaux sont encore nécessaires, la dépense n'en sera *point au-dessus de leur immense utilité.*

Mais, dira-t-on, le Gouvernement qui a dépensé ou qui dépensera plus d'un million pour réparer le canal à la suite des dernières inondations, aurait à débourser, peut-être, une somme de 500 mille francs pour les perfectionnemens dont j'émets le vœu; et tout cela tournerait au profit d'une compagnie financière qui ne contribuerait aucunement à ces dépenses.

Il faut d'abord examiner si le Gouvernement a construit le canal ainsi qu'il devait le faire, et, plus haut, je crois avoir établi et prouvé le contraire. Reste à

(1) L'idée de cette écluse avec un avant-port est d'autant plus extraordinaire, que les ingénieurs du canal d'Arles à Bouc avaient pour modèle l'écluse du canal de Beaucaire, qui débouche dans le Rhône un peu plus haut, et qui a été construite quelques années auparavant, d'après un tout autre système dont le succès a été justifié par l'expérience. Il est vrai de dire que les eaux du Rhône introduites dans le canal de Beaucaire y produisent bien quelques attérissemens, mais leur effet ne peut être comparé à l'envasement *continuel* du linguet de l'écluse d'Arles.

savoir maintenant si la compagnie financière d'Arles à Bouc ne se prêtera pas de bonne grâce à toutes les modérations de tarifs reconnues justes et nécessaires? Jusqu'à présent, elle a bien acquiescé à des abaissemens qui n'étaient pas même nécessaires ! Les hommes qui l'administrent sont, pour la plupart (3 sur 5), les mêmes qui, administrant, en 1836, la compagnie du canal de Bourgogne, acquiescèrent aux réductions considérables que le Gouvernement a demandées.

Si un nouveau moyen de remorque, qui a été essayé sur le canal d'Arles à Bouc, mais, jusqu'ici, avec peu de succès, si ce moyen, étant mieux appliqué, réalise les avantages qu'il a procurés en Amérique, il n'est aucune ligne de navigation intérieure qui puisse offrir plus de conditions de succès, que celles d'Arles à Marseille, par le moyen du canal de Bouc.

Alors s'ouvrira, pour cette voie, un riche avenir auquel je n'aurais pas osé me confier, si cette perspective n'avait été partagée par d'autres personnes, tout aussi désintéressées que moi dans la question; pour donner quelque consistance à l'opinion que j'émets, je vais justifier *de la grande économie de la voie, comme moyen de transport,* et indiquer, d'une manière sommaire, l'avenir qui paraît être réservé au port de Bouc.

Économie du transport par le canal d'Arles à Bouc.

En payant le maximum des droits de navigation provisoirement établis sur le canal d'Arles à Bouc, et en profitant des bateaux à vapeur qui font habituellement la remorque entre Bouc et Marseille, on dépense moins, par la voie du canal, que par les Bouches-du-Rhône, ce que je vais prouver :

C'est la marchandise lourde, la houille, par exemple, qui va d'Arles à Marseille, et les marchandises plus riches et généralement encombrantes, qui viennent de Marseille à Arles, que je prendrai pour exemple.

Pour la houille, qui paie moyennement 6 fr. *de fret* par les Bouches-du-Rhône, voici la nomenclature des frais par le canal, selon des chiffres que j'ai indiqués à quelques actionnaires marseillais des houillères de la Grand'Combe, *chiffres qui ne m'ont pas été contestés.*

Dépense pour la traversée du canal (47 kilomètres),
par tonne de 1,000 kilogrammes.

La traction d'un bateau chargé de 150 tonnes s'effectue par deux chevaux, qu'on paie 70 fr. *y compris le retour du bateau à vide* ; c'est, pour une tonne, la proportion de . . . . 0 fr. 47 c.

Le droit de navigation de 17 c. 6 millim. par myriamètre égale pour la traversée entière du canal. 0 83

Les frais de marine, relatifs à des chalans pontés, construits sur les dimensions du canal, et propres à la traversée en mer, s'élèveraient, au maximum, à la proportion de. 0 67

Total des frais sur le canal, *par tonne.* . . . . 1 fr. 97 c.

Dépense sur la mer (33 kilomètres) :

La traction par la vapeur, de Bouc à Marseille et *retour du chalan vide compris*, coûte par tonne . . . . 1 fr. 50 c.

J'estime les frais de marine au prix *très élevé* de 0   80

Total des frais sur la mer, par tonne. . . . . 2 fr. 30 c.

La dépense sur le canal pour un trajet de 47 kilom. serait de. 1 fr. 97 c.

Celle sur la mer pour un trajet de 33 kilom. de. 2   30

J'ajoute à ces frais pour bénéfice de l'entrepreneur (1) . . . 0   23

La dépense totale du transport d'une tonne de houille à 80 kilomètres serait . . . . 4 fr. 50 c.

Pour le second cas, les marchandises riches et encombrantes que Marseille envoie à Arles, par la vapeur, ou à Avignon par le roulage, paient à la vapeur. . . . . 9 fr. » c. la tonne, non compris le camionnage.

Au roulage 20   » dito, le camionnage compris.

Plus tard, elles paieront,

au chemin de fer . . . 11   50 dito, non compris le camionnage.

Voici ce qu'il en coûterait par le canal et la mer.

Les remorqueurs à vapeur étant obligés de ramener à vide, *pour rien*, les bateaux qu'ils ont conduits à charge à Marseille, on opérerait le retour à charge, à moitié prix, d'autant que la charge ne serait que partielle, savoir par tonne . . . . 0 fr. 75 c.

Même condition pour le canal 0   24

Une marine ne dépenserait pas plus pour le retour à charge qu'à vide ; je veux, nonobstant, estimer ce retour, moitié de l'allée à charge 0   74

Je quadruplerai, au contraire, pour les marchandises ordinaires le bénéfice que je réserve à l'entrepreneur sur le transport des houilles, ci. 0   92 (2)

Le maximum du droit de navigation pourra être de 60 centimes le myriamètre, c'est pour 47 kilomètres 2   85

J'arrive à un total de. . . . . 5 fr. 50 c.

(1) J'ai établi les frais de marine sur le chiffre de 41,000 tonnes, que la Grand'Combe *a transportées à l'entrepôt de Marseille, en 1841*; or, à 23 centimes par tonne, le bénéfice de l'entrepreneur serait de 9,430 francs.

(2) L'entrepreneur des transports, amenant en retour de 41,000 tonnes de houille, seulement 20,500 tonnes de marchandises plus précieuses, gagnerait par année, sur ces dernières, à raison de 92 centimes. . . . . 18,830 francs,

à ajouter au produit de la houille 9,430

Bénéfice total. . . . . . 28,280 francs,

qui repose sur un tonnage *on ne peut plus restreint* ; admettant une estimation insuffisante dans les frais de marine, que j'ai calculés avec un soin minutieux et approfondi, ce bénéfice annuel de 28,000 fr. ne permettrait-il pas de courir les chances de cette éventualité?

Voilà donc un fret de 5 fr. 50 pour la marchandise, à opposer aux 9 fr. de la vapeur, 20 fr. du roulage et 11 fr. 50 du chemin de fer en construction; si la différence est faible, entre la voie du canal et la vapeur, il ne faut pas perdre de vue que celle-ci expose à toutes les chances de l'embouchure du Rhône. Frappé de ces rapprochemens que j'avais faits, lors de mon séjour pendant l'été de 1842, à Bouc et à Marseille, j'ai cherché à me rendre compte pourquoi la voie du canal *était complètement délaissée* pour la remonte, *très faiblement suivie pour la descente*, et comment la vapeur n'avait pas *entièrement absorbé* les transports qui se pratiquent encore par le roulage entre Marseille et Avignon (1).

Indépendamment de la nouveauté du canal et malgré ses imperfections, j'ai reconnu que les exactions de la douane avaient la plus grande part dans ce fait étrange.

Bien que l'ordonnance royale du 31 juillet 1838, qui réduisait provisoirement *d'un tiers* les droits assis sur la circulation du canal, ait affranchi cette circulation de la *visite approfondie* des agens de la douane, la marchandise n'en reste pas moins soumise au plombage qui *se fait* au profit, *non pas du trésor public*, mais bien des employés de la douane; le plomb se paie au moins 50 centimes par ballot. Or, 20 ballots de 50 kilogrammes (et il y en a souvent de plus légers) *payeront* 10 fr. *de plombs*. C'est plus que le fret moyen et total de la vapeur. De là vient que, souvent, on préfère à la vapeur elle-même, le roulage qui coûte 20 fr. Aussi, pensé-je que le chemin de fer en exécution, en restreignant le prix de transport de la marchandise aux 3;5^{cs} du prix du roulage, pouvant ainsi enlever à la vapeur elle-même une partie des transports qu'elle a attirés à elle; l'exécution du chemin de fer, dis-je, ouvrira les yeux à la douane de Marseille, bien mieux que toutes les réclamations des négocians.

Nul doute que les douaniers, menacés de la perte d'une grande partie de leur casuel, ne s'empressent de modifier et modérer les dures conditions de leur plombage.

Mais pourquoi n'obtiendrait-on pas de la Douane de Marseille, ce que celle de Strasbourg a accordé, sans difficulté, aux bateaux du canal du Rhône au Rhin qui transportent en transit des marchandises pour la Suisse?... le plombage des écoutilles des bateaux.

Pourquoi la douane de Marseille n'accorderait-elle pas cette faculté inoffensive du plombage des écoutilles, lorsque la Douane de Dunkerque, en vue de la

(1) Ce n'est pas sans une extrême surprise que j'ai lu dans un mémoire, publié en 1842, par M. de Montricher, *ingénieur à Marseille* : *Que le chemin de fer projeté entre Marseille et Avignon*, *transporterait à 11 fr. 52 c.*, 300,000 *tonnes que le roulage transporte à 20 francs* (page 54 du mémoire), et M. de Montricher ne faisait que reproduire les chiffres indiqués aux Chambres dans l'exposé des motifs du projet de loi pour le chemin de fer. — Eh bien! d'après l'énumération qui m'a été donnée des voitures de roulage qui fréquentent la route d'Avignon à Marseille, *je suis certain que la somme du roulage de transit n'atteint pas cent mille tonnes*. A coup sûr, M. le ministre des Travaux publics n'a fait que reproduire les chiffres qui lui ont été fournis par ses subordonnès; mais n'est-ce pas une chose déplorable de voir comment le pays est trompé sur des questions aussi importantes!

Et M. de Montricher lui-même, *ingénieur à Marseille*, devait-il reproduire, sans examen, un chiffre qu'il lui eût été si facile de vérifier?

concurrence que lui fait Ostende, tête de la ligne du chemin de fer belge, se contente de plomber simplement la bâche des voitures chargées en destination pour Tourcoing, et qu'elle affranchit du plomb, par conséquent, tous les ballots contenus sous cette bâche ? (*Moniteur Belge*, 29 *janvier* 1844.)

Si la douane de Marseille n'a pas acquiescé à de semblables facilités, c'est sans doute qu'on ne les lui a pas demandées, ou qu'on ne lui en a pas fait connaître l'urgence ; c'est la conséquence de l'absence, sur la ligne du canal d'Arles à Bouc, de toute entreprise de marine bien organisée. Si au lieu d'une compagnie financière, peu intéressée aux produits actuels des canaux, acquiesçant de confiance à toutes les demandes du Gouvernement, le canal d'Arles à Bouc eût été régi par des propriétaires ou des Compagnies fermières, quelle différence dans les résultats présens ! quels dommages on eût évités autant aux intérêts privés qu'à la fortune publique (1).

Voilà, ce me semble, la question de transports en transit par le canal d'Arles à Bouc, nettement et fortement tranchée par des faits et des chiffres ; je vais dire quelques mots maintenant du port de Bouc, qui ne sert guère, aujourd'hui, qu'aux transports et aux transbordemens des houilles de la Grand'Combe, et qui compte, à peine, une douzaine de méchantes maisons.

Ce port, où débouche le canal qui part d'Arles, relie Marseille avec le Rhône en affranchissant le trajet des dangers et des ensablemens de l'embouchure du fleuve. Le port, qui est très spacieux, bien garanti par un môle nouvellement construit, de 500 mètres de longueur, n'a reçu jusqu'ici que des navires d'un très faible tonnage, à cause de l'insuffisance de sa profondeur. Il donne accès dans les vastes étangs de Caronte et de Berre, et, par cette double liaison avec le Rhône et ces étangs, il pourrait devenir une succursale utile du port *commercial* de Marseille et de l'arsenal maritime de Toulon, notamment pour les bateaux à vapeur.

Port de Bouc.

---

(1) On a vu plus haut que le fret de la houille, par le Rhône, coûte 6 francs, d'Arles à Marseille, lorsque par le canal, avec le droit de 8 centimes 8 millimes, tel qu'il a été réduit en 1841, on peut obtenir un transport à . . . . 4 fr. 50 c.

Si le droit, pour la houille, eût été maintenu, conformément à l'ordonnance royale du 31 juillet 1838, savoir 13 centimes 35 millimes le demi-myriamètre, par mètre cube, soit environ 15 centimes la tonne, il y aurait à ajouter au prix de transport actuel, pour surcroît de droit de navigation à la traversée des 47 kilomètres du canal de Bouc 0   58

ce qui formerait un fret total de. . . . . 5 fr. 08 c.

C'est encore meilleur marché que la voie du Rhône qui expose à des *avaries, entraîne une assurance plus élevée que par le canal*, et qui ne permet pas, *d'ailleurs*, les transbordemens *commodes et peu dispendieux qui doivent se faire des bateaux du Rhône, qui ne peuvent tenir la mer, sur les chalans pontés qui traversent la mer, de Bouc, ou des Bouches-du-Rhône à Marseille.* De tout ceci, il résulte jusqu'à l'évidence, que le droit de 15 centimes, pour la houille, *n'aurait pas éloigné une tonne de ce combustible, du canal d'Arles à Bouc ?* Eh bien ! c'est en s'appuyant *sur l'expérience,* qu'en 1841, a eu lieu la réduction de 15 cent. à 8 c. 8 millimes.

CANAUX DU MIDI

DE BEAUCAIRE A TOULOUSE ET PORT DE CETTE.

Cette ligne navigable se compose :

1° Du canal de Beaucaire, de 59 kilomètres de parcours en ligne, concédé jusqu'en 1881;

2° Des canaux des Etangs, de 38 kilomètres de parcours en ligne, concédé jusqu'en 1851;

3° D'un embranchement sur Cette, de 2 kilomètres de parcours en ligne; les barques qui vont de Beaucaire à Toulouse évitent cet embranchement en prenant l'étang de Thau à Lapeyrade;

4° De l'étang de Thau, de 20 kilomètres de parcours en ligne, concédé jusqu'en 1851 ;

5° Du canal du Languedoc, de 241 kilomètres de parcours en ligne, concession perpétuelle.

Ce qui présente 360 kilomètres de navigation intérieure non interrompue, d'un régime uniforme pour une immersion de 1^m,60

Sur cette belle ligne artificielle, qui se relie au Rhône et à la Garonne, qui a plusieurs embranchemens sur la mer, circulent des bateaux-postes, pour le service des voyageurs.

La parfaite régularité de ce service, la commodité du voyage, la modération des prix qui sont, pour le trajet de Beaucaire à Toulouse, de 27 francs aux premières places, soit 07 1|2 centimes par kilomètre; 18 francs aux secondes places, soit 05 centimes par kilomètre, le rendent très suivi; c'est une preuve authentique du bon entretien et de l'administration vigilante de ces canaux. Je dirai plus : ce service de bateaux-poste, dont un part chaque jour des deux extrémités de la ligne, contribue beaucoup à son bon entretien, à sa parfaite circulation; car ces bateaux, qui se croisent, sur lesquels sont placés des gardes qui se relèvent de distance en distance, ce service, dis-je, est le moyen de contrôle le meilleur qu'on puisse établir sur une ligne navigable. En cela, il rend un plus grand service à l'administration du canal du Languedoc, par les avantages indirects qu'il lui procure, que par ses produits directs qui s'élèvent annuellement à près de 60,000 francs.

J'ai encore trouvé le canal de Beaucaire sous l'influence des inondations de 1840 et 1841, qui l'ont couvert sur une grande étendue et rompu sur plusieurs points. On a été au plus pressé, en opérant quelques dragages dans le chenal, en relevant les eaux au moyen de hausses appliquées aux portes des écluses, mais comme le mouillage se trouve encore réduit par les effets de l'inondation, et que ce sont des correctifs qu'il faut, et non point des palliatifs, il faudra en venir à ces correctifs plus tôt que tard; il y a aussi des chemins de hâlage à rétablir et le barrage du Vidourle, qui a été emporté, à relever (1).

A ces circonstances près, qui se rattachent aux mêmes causes d'inondation, on ne retrouve pas sur le canal de Beaucaire, ni un entretien aussi parfait, ni une police aussi vigilante que sur le canal du Languedoc; cette circonstance justifierait la supériorité des concessions de longue durée, sur les concessions de courte durée.

Il est clair que la concession, qui n'a plus qu'une jouissance très limitée, ne peut asseoir son administration sur des bases conservatrices aussi larges que celles dont la durée est séculaire. Cette réflexion peut s'appliquer aux choses comme aux hommes; ainsi la position des employés est bien autrement assurée sur le canal du Languedoc, que sur les canaux adjacens. On rencontre souvent, sur le canal du Languedoc, des éclusiers qui s'y trouvent placés, de pères en fils, depuis son origine; d'autres qui ont transmis leurs places, pour dot de leurs filles, avec l'intervention officieuse et bienfaisante de quelques descendans de Riquet.

Dans cette dernière administration, tout respire un air de famille, de bonheur et d'aisance; c'est la traduction, en faits, de ces sages et philantropiques principes que Riquet a posés lui-même en ces termes, pour la direction de sa grande œuvre :

« Tout employé qui se conduit bien doit être l'ami des propriétaires ; ses be-
» soins, ses malheurs, ses enfans doivent les occuper; ils ne doivent rien épargner
» pour leur tranquilliser l'esprit; car on ne peut remplir des devoirs de cette
» importance si l'on a des chagrins qui donnent des distractions. C'est à tenir
» les employés dans le calme heureux qui laisse à l'esprit toutes les facultés,
» que les propriétaires doivent s'attacher. Leur douceur, ainsi que leur atten-
» tion à prévenir la timidité qui n'ose se plaindre, et à pénétrer les besoins,
» sont des moyens de captiver les cœurs honnêtes, et à tenir l'intérêt des em-
» ployés réuni à celui des propriétaires, pour la conservation de ce grand et im-
» portant ouvrage. » — (*Historique. Canal Languedoc* , par les descendans de Riquet, page 246.

---

(1) La rupture du barrage du Vidourle ne laisse pas seulement le canal sans défense contre les crues du torrent, elle expose encore les bateaux, et en mai 1842, un bateau de charbon est venu se briser à l'emplacement du barrage. A côté de cette non-réparation, *qu'on impute au Gouvernement*, l'administration locale manque de vigilance, car dans le port de Saint-Gilles, il existe des maçonneries dont je n'ai pu comprendre le but et qui s'étendent sous l'eau jusque fort avant dans la passe; les bateaux viennent quelquefois s'y avarier. Pourquoi ne pas les avoir démolies ?

Je ne dirai rien des travaux d'art des canaux de Beaucaire et des Étangs; ils n'offrent d'intérêt qu'en raison de leur bon état de conservation et des belles lignes droites tracées au milieu des marécages qu'ils traversent; je n'entrerai non plus dans aucun détail sur les nombreux travaux d'art du canal du Languedoc. Si l'économie hydraulique de quelques-uns d'entre eux est malentendue ou problématique, si la disposition en est surannée, le but utile de la voie est tellement bien rempli, que la critique est désarmée; les rapprochemens et les chiffres que je vais aborder, prouveront à quel point d'éminente utilité ce grand ouvrage est parvenu.

J'ai parcouru le canal du Languedoc à plusieurs reprises, en 1842: d'abord en juillet avant l'expiration de la navigation triennale, puis en novembre, après la réouverture du canal, après un chômage de six semaines, qui avait succédé à une navigation continue de *trente-quatre mois*. Tandis que la sécheresse était grande au centre et au nord de la France, le temps avait été humide sur quelques points du Midi; il n'y aurait donc rien d'extraordinaire à la surabondance d'eau que j'ai trouvée sur toute la ligne du canal et dans ses réservoirs, si cette abondance d'alimentation ne m'avait été signalée, comme l'état permanent de ces canaux, comme un état de choses qui n'offrait que de rares exceptions; et encore là où l'on rencontre, quelquefois, quelqu'insuffisance de profondeur, c'est dans les parties inférieures du canal, alimentées par des rivières affluentes, qui, lors des crues, déposaient dans le canal les limons qu'elles charrient. Mais la vigilance de l'Administration est telle, qu'il est bien rare que les bateaux chargés à la tenue maximum de 1 mètre 60 cent., y éprouvent de longs retards. *Je puis donner ce fait comme un témoignage recueilli de la bouche de mariniers qui fréquentent cette ligne depuis long-temps.* Tels sont les résultats remarquables de l'excellent aménagement des eaux introduit sur le canal du Languedoc, et cet aménagement peut se résumer ainsi : limiter autant que possible le parcours des eaux réunies au point culminant, en ménageant dans les parties inférieures, où l'eau est toujours plus abondante, le plus grand nombre de prises ou de rentrées possibles; introduire ces eaux avec précaution pour éviter ou restreindre les envasemens; diviser les grands biefs pour n'être pas obligé de les vider, en totalité, en cas de réparation; étancher radicalement, et par les moyens les plus énergiques, toutes les pertes ou filtrations de quelqu'importance; enfin, étendre le service continu de la navigation, à deux et trois années et même davantage, si faire se peut. Une grande partie de ces perfectionnemens est d'application récente, au canal du Languedoc, et rien, absolument rien que des fausses économies, n'empêchera, qu'en peu d'années, on ne puisse introduire victorieusement, ces mêmes améliorations, sur les canaux de 1821 et de 1822.

Il suffira seulement de le vouloir et de s'en procurer les moyens.

De ces considérations primordiales, je passerai à l'effet utile du canal et c'est ici, surtout, que les chiffres doivent avoir une portée éloquente. Il résulte des faits que j'ai cités dans le complément de mes Études pratiques sur la navigation intérieure; à savoir :

Centimes.

Page 99, que sur la ligne navigable de Dijon à Paris, le prix de transport de 28 francs qu'on payait en 1842 laisse, pour les frais de navigation dégagés des droits dè péage, pour la tonne ramenée au parcours d'un myriamètre 44

Même page 99, que ces frais, sur la ligne de Mons à Paris, concernant *la seule houille*, sont, par myriamètre, de. 25

Pages 39 et 40, qu'en Angleterre, *vû les faibles dimensions de la plupart des canaux*, et pour des transports à faible vitesse, ces frais sont, par myriamètre. 47

Eh bien ! sur la ligne des canaux du Midi, grâce à la bonne administration et à la puissance du mouillage de cette ligne, ces frais ne s'élèvent, suivant le détail à la note ci-bas (*a*), qu'à . . . . 17 1|3

Les transports que ces frais de navigation concernent se font avec sécurité et régularité; aussi est-il résulté de ce service perfectionné que, malgré un droit de navigation de 80 centimes, *le myriamètre*, droit qui est perçu sur la plupart des objets transportés, le roulage qui se pratiquait par une excellente route de terre latérale au canal et *plus brève que lui*, ce roulage est anéanti; il a même été détruit pour les expéditions de Limoges sur Cette et Marseille qui, aujourd'hui, viennent s'embarquer sur le canal du Languedoc, à Toulouse.

Mais ici, surtout, doit être mentionnée la part principale que l'administration du canal de Languedoc a eue à ce beau résultat. S'apercevant que pour certaines marchandises, qui se ramassaient à la cueillette le long du canal, les patrons ordinaires se mangeaient en pertes de temps et en fausses manœuvrés, depuis 1834 elle a pris, à son compte, un service accéléré, fait au moyen de barques pontées (*b*) avec lesquelles on ramasse toutes les marchandises recueillies dans les magasins que l'administration a établis sur les points principaux de la ligne. Ce service de marchandises est tout-à-fait indépendant de celui des barques de poste exclusivement affecté au transport des voyageurs.

Par le service des transports accélérés, on rend la marchandise en 6 jours et pour 42 fr. la tonne, de Beaucaire à Toulouse. (On a vu dans la note *a* ci-dessous que

(*a*) D'après des renseignemens authentiques qui m'ont été fournis par des commissionnaires de Cette, Béaucaire et Toulouse, je puis établir :

1° Que de Toulouse à Cette, le trajet se fait en dix jours environ, et le patron reçoit de 40 à 50 centimes de fret par 100 kilog., soit 45 centimes terme moyen, soit 4 fr. 50 la tonne, transportée à 265 kilomètres; c'est par myriamètre, 17 centimes environ (le droit de navigation se paie à part);

2° De Beaucaire à Toulouse, le patron met 15 jours environ, et reçoit pour fret moyen,

    34 fr.   la tonne, *tout compris*, d'où il faut déduire, pour les droits de navigation,

    27 fr. 60 c. montant de la taxe de 80 centimes sur 34 myriamètres et demi imposés,

Reste. . 6 fr. 40 c. à répartir sur les 360 kilomètres parcourus; c'est par myriamètre 17 cent. 3|4.

(*b*) C'est un mauvais récipient que les barques pontées; quelques agens du canal du Midi le reconnaissent déjà, et on reviendra plus tard aux bateaux couverts avec de simples toiles goudronnées. Il y a de 30 à 35 tonnes de charge à gagner ! !!

le service ordinaire prenait 34 fr. en moyenne, pour une vitesse de 2 myriamètres et demi par jour.)

Le service accéléré parcourt en moyenne six myriamètres par jour ; ce, au prix de revient pour la tonne et le myriamètre de. . . . . 1 fr. 16c.

D'où il faut déduire, pour les droits de navigation, que les Compagnies sont censées toucher à 80 centimes sur 34 myriamètres et demi, mais qui, répartis sur les 36 myriamètres *parcourus* (l'étang de Thau est exempt de droits), répondent à 76

Reste donc pour les frais de navigation du service accéléré. . . 40 c. la tonne et le myriamètre (1).

Avant l'organisation de ce service, les Compagnies des canaux du Midi perdaient la plus grande partie des transports qu'elles effectuent, la célérité du roulage sur la navigation ordinaire, attirant à ce roulage les marchandises pressées ; aussi, depuis cette heureuse innovation, les dividendes des actionnaires du canal du Languedoc ont-ils augmenté de 2 pour cent.

L'habile direction de M. Maguès, ingénieur en chef du canal, a eu sans doute une grande part dans ces beaux résultats, mais c'est sur la proposition de M. Lepaute, administrateur du canal à Paris, que la Compagnie a pris à son compte ce service de navigation accélérée qui avait été créé par un commissionnaire de Toulouse qui n'a pu le conserver.

Je demanderai à tout lecteur impartial, comment un fermier à court bail aurait pu aborder de pareilles mesures ? Car, que deviendraient une marine et ses agrès après un exercice de quelques années, s'il fallait liquider ou transmettre par cessation d'exploitation ? Quelle perturbation dans tous les services organisés et quelle difficulté pour ceux à réorganiser ! Et enfin, quelles pertes à subir par le fait d'une liquidation ?

Enfin, comment se livrer à des combinaisons qui demandent tant de soins et tant de détails, si tout le fruit doit ou peut en être recueilli par d'autres que par les auteurs !! Oui, il faut de la sécurité et de l'avenir dans les affaires, pour qu'il soit possible de les asseoir sur des bases larges, morales et fécondes.

Par le tableau ci-annexé, du mouvement commercial du canal du Languedoc de 1837 à 1842, on remarque la progression croissante de la circulation !! Le tonnage effectif de ce canal qui n'était que de 190,000 tonnes en 1837, a touché 308,000 en 1841, pour retomber à 296,000 en 1842.

Ce mouvement de circulation produit à la Compagnie une perception moyenne d'environ 70 centimes la tonne et le myriamètre ; il est permis de croire que

---

(1) Ainsi, en France, sur une ligne navigable *complète et bien servie*, les frais de navigation, pour le service ordinaire, coûtent 17 centimes 1i3, lorsqu'en Angleterre ils coûtent 47 centimes. Et le service accéléré, qui coûte, en Angleterre, 74 et 94 centimes (pages 39 et 40 du *Complément des Etudes pratiques*), ne revient, en France, qu'à 40 *centimes* !!!

Voilà les conséquences du système de grande navigation introduit en France sur les petites dimensions des canaux anglais. En effet, sur la ligne de Londres à Liverpool, un bateau reçoit moyennement 25 tonnes de charge, lorsque la moyenne des bateaux des canaux du Midi dépasse 100 tonnes.

Tableau du mouvement commercial qui a eu lieu sur le canal du Midi,

Pendant les années 1837, 1838, 1839, 1840, 1841, 1842, avec l'indication des péages perçus à la circulation des marchandises.

ANNÉES DE LA CIRCULATION.	BOIS DIVERS en bateaux et par radeaux.	MARBRES, pierres de taille, moellons, pierres, gravier, briques, tuiles.	CHAUX et PLATRE.	SONS et FOURRAGES.	HOUILLE et CHARBONS.	DIVERS.	BLÉS, FARINES, AVOINES, MENUS GRAINS, LÉGUMES.	VINS et ESPRITS.	HUILES, SAVONS, et DENRÉES COLONIALES.	SELS et SALAISONS.	BOUTEILLES et VERRERIES.	FERS et FONTES.	FAIENCES et POTERIES.	TONNAGE ANNUEL approximatif DE LA NAVIGATION accélérée.	TONNAGE ANNUEL effectif DE LA MARCHANDISE transportée.	PRODUIT BRUT de la PERCEPTION sur la MARCHANDISE.	TONNAGE RAMENÉ AU PARCOURS des 24 myriamètres, et basé SUR LA PERCEPTION de 70 centimes le myriamètre.
	tonnes.	tonnes.	tonnes.	tonnes.	tonnes.	tonnes.	tonnes.	tonnes.	tonnes.	tonnes.	tonnes.	tonnes.	tonnes.	tonnes.	tonnes.	francs.	tonnes.
1837.	10,788	6,531	7,266	1,821	9,662	18,272	40,790	43,029	7,813	23,700	4,500	2,693	1,441	12,300	190,306	1,592,000	94,767
1838.	12,111	6,789	7,593	2,521	11,654	30,920	79,222	51,672	10,682	24,247	4,617	3,101	1,575	15,000	261,704	2,404,500	143,125
1839.	13,052	7,392	11,068	2,432	12,015	35,746	70,528	47,347	8,716	21,693	3,864	2,794	1,471	14,400	252,318	2,309,300	137,458
1840.	16,328	10,974	11,915	2,841	10,166	57,327	71,617	48,130	11,391	20,847	4,027	3,084	1,542	15,000	264,989	2,433,600	146,049
1841.	20,779	10,736	9,938	2,551	12,167	38,689	105,967	49,209	10,076	23,203	3,149	4,176	1,354	15,900	307,894	2,965,600	176,405
1842.	22,412	15,627	11,837	2,852	13,637	39,905	92,391	40,360	12,408	20,750	4,717	4,168	1,491	15,100	295,655	2,809,600	167,258
Totaux de chaque colonne.	95,470	56,049	59,617	14,718	69,301	200,859	460,515	279,747	61,086	134,440	24,874	20,016	8,674	87,700	1,573,066	14,512,600	865,042
Moyennes annuelles du tonnage et de la perception. . . .	15,912	9,341	9,936	2,453	11,550	33,476	76,752	46,624	10,181	22,606	4,146	3,336	1,446	14,616	262,177	2,418,766	144,175
	centimes.	centimes.	centimes.	centimes.	centimes.	centimes.	centimes.	centimes.	centimes.	centimes.	centimes.	centimes.	centimes.	centimes.	centimes.	TAXES PAYÉES PAR TONNE — Pour le trajet moyen, partiel.	TAXES PAYÉES PAR TONNE — Pour le trajet ramené à la ligne entière.
Taxes spéciales ou moyennes, pour chaque colonne, par tonne et par myriamètre.	30	36	24	24	23	80	80	80	80	80	80	80	80	80	70	9 fr. 22 cent.	16 fr. 80 cent.

Mouvement de circulation du Canal du Midi de 1827 à 1842.

RÉCAPITULATION DU TABLEAU CI-DESSUS.

MARCHANDISES TRANSPORTÉES.	TONNES de 1000 kilogr.	TAXES SPÉCIALES PAR MYRIAMÈTRE.	PERCEPTION MOYENNE Combinée sur le tonnage de chaque colonne.
Bois divers	95,470	30 centimes en moyenne	70 centimes la tonne et le myriamètre.
Marbres, pierres, briques et tuiles. . .	56,049	36 » »	
Chaux et plâtres.	59,617	24 » »	
Sons et fourrages.	14,718	24 » »	
Houilles et charbons.	69,301	23 » »	
Marchandises diverses	200,859	80 centimes, taxe unique	
Céréales et légumes secs.	460,515		
Vins et esprits.	279,747		
Huiles, savons, denrées coloniales. . .	61,086		
Sels et salaisons.	134,440		
Bouteilles et verreries.	24,874		
Fers et fontes.	20,016		
Faïences et poteries	8,674		
Transports accélérés	87,700		
Total du tonnage des 6 années. . .	1,573,066		

l'administration éclairée du canal du Midi engagera ses actionnaires à adopter quelques modérations de taxes dont l'effet sera d'accroître les chiffres de la circulation et du revenu.

Les colonnes du tableau réservées aux fers, fontes et bouteilles présentent une insignifiance de tonnage qui s'explique *par l'exagération du droit.*

J'appellerai l'attention du lecteur sur la colonne la plus importante du tableau qui concerne les céréales et légumes farineux, dont il s'est transporté jusqu'à 106,000 tonnes en 1841, à la taxe de 80 centimes le myriamètre. L'agriculture et le commerce s'en trouvent bien, puisque le mouvement n'était que de 41,000 tonnes en 1837; et, en effet, les contrées traversées par le canal du Midi portent le cachet d'une grande prospérité, quoique les méthodes de culture aient encore des progrès à faire. Lorsqu'on oppose ces faits aux plaintes qui sont parties de la tribune de la Chambre des députés, à l'occasion du droit de 40 *centimes en vigueur sur le canal de Bourgogne pour ces mêmes céréales*, on est amené à reconnaître, de plus en plus, à quel point l'opinion publique a été égarée sur la question économique des canaux; et cette comparaison faite à l'occasion des céréales, peut être appliquée à bien d'autres denrées qui se trouvent dans les mêmes conditions fiscales; cependant, je puis certifier que les personnes que j'ai vues se servir du canal du Languedoc, avec ses taxes élevées, s'en louent autant que, jusqu'ici, on s'est plaint des canaux du Centre et de l'Est avec leurs taxes infimes. Au reste, M. Joly, député de Toulouse, l'avait hautement reconnu à la séance de la Chambre du 28 mars 1842 (1), et il m'a été précieux de trouver la confirmation de cette opinion, parmi les personnes qui auraient eu intérêt à la contredire.

Ainsi, l'*expérience des canaux du Midi* justifie pleinement, elle dépasse même les principes que je soutiens et que je défends depuis 1835, sur l'exercice des droits de navigation, et quant à l'achèvement et à l'entretien des voies, cette expérience a encore bien plus dépassé mon attente. Après trois années de navigation continue, j'ai trouvé les écluses et leurs portes, les francs bords de tous les canaux du Midi (aux traces d'inondation près) dans un meilleur état d'entretien et de conservation, qu'aucun de ceux de 1821 et 1822, qui chôment plusieurs mois de chaque année; il y a même plus que du bon entretien au canal du Languedoc, particulièrement; il y aurait une apparence de luxe, à voir les soins et la coquetterie qui président à l'entretien des rigoles alimentaires de son point de partage.

Mais ici encore c'est l'effet d'un bon calcul, car un ingénieur expérimenté qui a été attaché à la Direction du canal disait : que la parfaite confection des rigoles, les perrés qui les garantissent, les gazons et les sables qui recouvrent ces perrés, avaient épargné à la Compagnie la construction d'un nouveau réservoir projeté

----

(1) M. Joly a dit (page 607 du *Moniteur* du 29 *mars*) : « Ne croyez pas que ce soit l'abaissement
» des tarifs qui doive procurer le bien-être de la navigation; le canal du Midi, avec un tarif exces-
» sif ne fait aucun obstacle à la navigation; les transports les plus considérables s'y font *sans con-*
» *currence*. Ce ne sont donc pas les élévations de tarifs qui font obstacle à la navigation des ca-
» naux, c'est autre chose; cette navigation est mauvaise, improductive, parce que vous n'avez pas
» fait ce qu'il fallait faire pour que les canaux fussent en bon état ! ! !»

8

dont le devis montait à 800,000 fr. Et à peine en a-t-on dépensé 60,000 pour l'arrangement et l'étanchement des rigoles.

La visite du point de partage du canal du Languedoc est la course en montagne la plus intéressante qu'on puisse faire ; deux journées suffisent pour visiter les réservoirs de Saint-Ferreol et de Lampy, en passant par Revel et en suivant la prise d'eau du Lampy, jusques près de sa source, à Alzau ; toute cette visite, *dont il ne faut rien retrancher*, peut se faire aussi commodément en voiture qu'à cheval ; seulement le voyageur doit se pourvoir de quelques provisions de bouche, lorsqu'il ne veut pas borner sa nourriture à des salaisons et des œufs.

En opposition aux utiles et judicieuses dépenses consacrées à la construction du canal du Languedoc, pourquoi faut-il que ses deux extrémités offrent l'exemple de prodigalités énormes ? Je dévoile dans un chapitre spécial, celle qui se rattache à la construction d'un canal latéral à la Garonne ; me reste à parler de l'autre prodigalité qui est relative à l'agrandissement du port de Cette.

Cette, que j'ai habitée une quinzaine de jours l'été de 1842, où je suis retourné en novembre, au dire de tous les marins que j'ai rencontrés sur ma route et d'un grand nombre de ses habitans, est menacée d'être internée à une époque peut-être encore éloignée, mais qui, cependant, est à considérer dans la vie des Etats. Les observations que j'ai faites sur la plage (1) comme celles qu'on peut faire aisément de tout le littoral, depuis les bouches du Rhône jusqu'au port Vendres, *par la seule inspection d'une carte*, tendent à justifier l'opinion précitée. Eh bien ! c'est en présence de cette expectative, que le Gouvernement a accordé une somme de sept millions, *qui sera insuffisante*, pour doubler l'étendue du port de Cette !!! (*De 1831 à 1843, 2,500,000 fr. ont été accordés au port de Cette sur les budgets*).

Mais si l'on voulait augmenter la capacité du port de Cette, était-il indispensable de recourir aux moyens extraordinaires auxquels on se livre ? En novembre 1842, au milieu d'un grand mouvement commercial, j'ai compté 55 barques de pêcheurs amarrées le long des quais de l'intérieur du port. Neût-il pas été facile de leur creuser une cale à l'emplacement éloigné où l'on crée un nouveau port, et l'espace que ces barques de pêcheurs occupaient, une fois libre, les besoins présens du commerce, n'eussent ils pas été satisfaits ?

Cette dépense *de plus* de sept millions, *qu'en peu d'années la mer se chargera de rendre inutile*, n'est-elle pas le digne pendant de celle qu'on fait à l'extrémité occidentale du canal du Languedoc, où, entre Toulouse et Bordeaux, *quatre grandes voies de communication, établies à grands frais, côte à côte, et dans la même direction, viendront s'entredétruire* (*Garonne canalisée, canal latéral à la Garonne, route royale rectifiée et adoucie, chemin de fer en études* !!!) Et le pays ne s'apercevra pas qu'il est ainsi poussé à ce gaspillage, *sans exemple*, par des combinaisons privées ou locales auxquelles se rattachent des existences

---

(1) Suivant divers témoins occulaires, vieux habitans de Cette, que j'ai consultés *isolément*, et auxquels je me suis adressé *au hasard*, il paraîtrait que le fond de la mer se serait exhaussé de près de 5 *mètres* à l'entour ou à la proximité des jetées faites il y a 25 ou 30 ans, et au centre desquelles jetées, *on creuse le nouveau port* !!!

ministérielles qui, sapant ainsi leur meilleure base de conservation (l'intérêt public), passent comme des ombres dans la vie des nations!!! Malheureusement, les fautes qui découlent de ces fatales combinaisons ne s'effacent pas comme les causes qui les ont produites.

GARONNE.

Un canal latéral à la Garonne, voté en 1838, sa confection attaquée, à-la-fois, sur tout son développement, avec une grande rapidité d'exécution, il pourra paraître oiseux que je m'occupe de la Garonne elle-même.

Mais si la navigation imparfaite du fleuve présente déjà des résultats supérieurs à toute autre ligne navigable du royaume; si, en retranchant de cette navigation naturelle sa partie difficile, entre Toulouse et le Tarn, en même temps qu'on améliorerait, sans solution de continuité, la partie inférieure au Tarn, *on devrait, par cela même, obtenir encore une grande économie sur les conditions actuelles de sa circulation.* Si, enfin, en démontrant l'inutilité du canal qu'on établit latéralement au fleuve, si, en mettant cette inutilité en opposition avec les dépenses cent fois reproductives qu'on ajourne depuis tant d'années sur les rivières et les canaux du centre, je puis empêcher la récidive d'autres créations inutiles, amener la cessation des coupables et ruineux attermoiemens auxquels je fais allusion, pourquoi ne tenterais-je pas une description sommaire des avantages de la rivière et la critique du canal?

Dans l'exposé des motifs que M. Martin (du Nord), ministre des travaux publics, présenta le 12 juin 1838, à la Chambre des pairs, il a établi :

« Que la durée moyenne du trajet par la Garonne, de Toulouse à Bordeaux, » et du retour à Toulouse, peut être évaluée à 35 jours, *en y comprenant le* » *temps nécessaire pour opérer les chargemens et pour saisir les eaux favora-* » *bles.* Aussi, le nombre des voyages qu'il est possible d'effectuer, par année, ne » dépasse-t-il 7 à 8 (1), disait ce ministre.»

Et M. Doin, *à qui le gouvernement a acheté les plans et les devis du canal latéral à la Garonne,* a dit, à la page 21me du mémoire qu'il a publié en seconde édition, en 1835 : « Le fret sur la Garonne est communément à 12 fr. à la » descente et 20 francs à la remonte, toutefois, nous ne porterons, dans nos cal- » culs, que 10 fr. et 20 francs. »

Quelque grave que soit l'assertion de M. Doin, lorsqu'il comparait les prix de

---

(1) La durée moyenne de 35 jours pour un voyage *complet* impliquerait 10 voyages par année, et non pas 8, comme le dit, *par erreur,* M. Martin du Nord; au reste, ce chiffre de 10 voyages est en rapport avec mes renseignemens récens.

transport sur la Garonne, avec ceux du canal qu'il cherchait à lui opposer, j'ai voulu m'assurer, *par moi-même*, des prix de transport sur la Garonne, récemment en vigueur, et voici le résultat des constatations que j'ai faites sur les registres de plusieurs commissionnaires de transport, à Toulouse et Bordeaux. La moyenne de ces prix a été, de 1840 à 1842 :

A LA DESCENTE		A LA REMONTE	
DE TOULOUSE A BORDEAUX.	287 kilomètres.	DE BORDEAUX A TOULOUSE.	
En 1840. . . 12 f. 50 c.	Durée moy. 5 jours.	En 1840. . 18 f. 50 c.	Durée moy. 20 jours.
En 1841. . 10 »		En 1841. . 19 10	
En 1842. . 10 »		En 1842. . 24 20	
Moyen. des 5 ann. (M. Doin indiquait 10 f.) 10 f. 85 c. (1).		(M. Doin indiquait 20 f.). . . 20 f. 60 c. (1)	

En appliquant ces prix au tonnage de la Garonne, indiqué à mon tableau de la navigation des rivières (page 11), on a :

117,000 tonnes descendues à 10 fr. 85 } moyenne : 13 francs 64 centimes pour le
  47,000   »   remontées à 20 fr. 60 {   transport de

164,000 tonnes à 287 kilom., soit 47 cent. 1|2 pour une tonne transportée à un myriamètre.

Or, un transport de 307,000 tonnes, qui s'effectue sur le Rhône (voir le chapitre spécial), coûte un prix moyen de 1 fr., dure 9 jours 2|3, lorsque le transport sur la Garonne s'effectue à 47 cent. 1|2 et ne dure, moyennement, que 9 jours 1|3.

Je compare ces deux fleuves parce qu'ils sont en contact avec les mêmes canaux, parce que le développement entre Lyon et Arles est de 285 kilomètres et celui entre Toulouse et Bordeaux de 287 kilomètres ; soit distance égale.

Puisqu'on obtenait sur la Garonne un prix de transport à moitié de celui qui se paie aujourd'hui sur le Rhône ; que la circulation y était rapide, continue, exempte de graves accidens (2), puisqu'enfin, cette circulation était tout-à-fait insignifiante, comparée à celle du Rhône, de l'Yonne, de la Seine, de la Saône, de l'Oise et de l'Escaut. Quel a pu être le mobile qui a porté l'administration à dépenser plus de 50 millions dans un canal latéral à la Garonne, lorsqu'il reculait devant des canalisations latérales, ou refusait des améliorations complè-

(1) Il résulte de ces chiffres une démonstration qui est conforme *à l'expérience* : à savoir que les améliorations morcelées faites depuis quelques années sur le cours de la Garonne, et dans sa partie *inférieure surtout*, ont fait *baisser le fret à la descente*, et fait *augmenter celui à la remonte*. Sur les budgets de 1831 à 1843 j'ai constaté des allocations faites à la Garonne, dépassant la somme de 8 millions, et plus de 6 autres millions affectés, *en outre*, au Tarn et au Lot, et c'est en présence de ces 14 millions dépensés, qui seront *suivis de bien d'autres*, qu'on enfouit 50 millions dans un canal latéral. Il faut que la France soit bien riche pour suffire à de pareilles prodigalités.

(2) On ne fait même pas assurer les transports sur la Garonne, tellement les accidens sont rares ; cependant les travaux en cours d'exécution en ont élevé le nombre et augmenté les avaries ; *c'est une chose bien déplorable que ces améliorations morcelées, dont l'exécution est répartie sur un grand nombre d'années...*

tes et promptes en rivières, *entre Lyon et Arles, entre Pontoise et Paris, entre les canaux du centre et ceux de l'Est, enfin entre ces mêmes canaux et Paris*, là où ces perfectionnemens devaient profiter au transport de plus de 3 millions 300 mille tonnes ? (Chiffre extrait du tableau du mouvement sur les rivières.)

Le motif avoué a été de combattre l'avidité exercée par les Toulousains quant au transbordement et emmagasinage des 80,000 tonnes environ, qui, à Toulouse, devaient passer des bateaux du canal sur les bateaux de rivière, *et vice versa* !!

Oui, il fallait rompre le monopole des Toulousains, et la chose était simple et facile ; elle pouvait se faire au profit de la navigation *sans nuire à l'intérêt public*, il suffisait pour cela de pousser un petit canal latéral jusqu'à Moissac sur le Tarn, ou, mieux, jusqu'au-dessous du confluent du Tarn, près de la Magistère.

Ce canal, qui dans le premier cas, n'eût eu que 64 kilomètres de parcours, en pays plat et facile, eût pu, à la rigueur, être alimenté par une seule prise d'eau faite à Toulouse, dans la Garonne et il eût évité un parcours de 82 kilom. en rivière, dans la partie torrentielle où elle a 77 centimètres de pente par kilomètre (au lieu des 40 ou 42 moyenne de la partie inférieure), où les crues déplacent le thalweg et occasionnent fréquemment des changemens de lit ; où, sur quelques fonds de rocher, on ne trouve, à l'étiage, que 25 à 35 centimètres.

Quoique l'art ou l'expérience eussent certainement pu maîtriser ces difficultés, la canalisation latérale qui aurait eu pour effet d'affranchir la navigation de cette partie de la Garonne, cette canalisation eût été un bienfait ; mais en la poussant plus loin, on a fait plus qu'une faute, on a fait une folie (M. Dugabé l'a dit avant moi), et ce seront les propres données du mémoire de M. Doin (l'instigateur du canal latéral), qui me serviront à prouver ce que j'avance.

A la page 12e de son mémoire, M. Doin dit : « Sur toute la ligne de Lot-et-» Garonne, on pourra probablement se procurer 1 mètre à 1 mètre 30 centimè-» tres de profondeur d'eau, ainsi que dans le département de la Gironde jusqu'à » Castex, où la pente n'est plus que de 22 centimètres par kilomètre. » A coup sûr, si de cette navigation en rivière vous retranchez la partie où, avec une pente de 77 centimètres, vous avez des maigres de 30 centimètres de hauteur d'eau ; si vous la retranchez de celle où vous pouvez obtenir plus d'un mètre d'immersion avec une pente de 40 centimètres, quelle amélioration ne devez-vous pas obtenir à ce fret qui, *sur des conditions imparfaites*, offre déjà la moyenne si favorable de 47 centimes par myriamètre ?

Et en même temps, le monopole, les exactions des Toulousains n'étaient-ils pas rompus ? Car, lorsqu'on aurait pu aller jusqu'à la Magistère (1) sans rompre charge ; quels efforts Toulouse n'eût-il pas faits, pour que le transbordement du canal eût lieu sous ses murs, plutôt qu'à la Magistère.

____

(1) Dans l'état actuel de la navigation de la Garonne, de sept bateaux de rivière qui descendent aujourd'hui de Toulouse, arrivés à la Magistère, on en répartit la charge sur quatre ou cinq seulement, qui filent jusqu'à Bordeaux; sans grande expérience de la marine, on comprendra l'accroissement de frais que cela entraîne. Le canal latéral jusqu'à Moissac, au-delà du confluent du Tarn, *eût de prime abord affranchi la navigation en rivière de ce transbordement.*

En l'état des choses, il est impossible d'abandonner ou de négliger une rivière qui présente, déjà, une circulation aussi avantageuse que la Garonne, et sur laquelle on a dépensé plus de 8 millions depuis 1831, sans compter les 6 millions employés sur ses affluens, le Tarn et le Lot. Il est d'autant plus impossible d'abandonner l'amélioration complète du fleuve, que les endiguemens qui ont été opérés entre Agen et Tonneins, par les riverains ou avec leur concours, ont réalisé des résultats utiles; il ne s'agit donc plus que de généraliser l'application, qu'à restreindre, circonscrire en des limites équitables, les exigences de ces propriétaires quant aux conditions et aux effets du hâlage (1), d'établir des chemins de hâlage bien empierrés et assez élevés, pour que la moindre crue ne les couvre et ne les défonce ; j'ai parcouru, à pied, environ 25 à 30 kilomètres de ces chemins de hâlage aux abords de Castel-Sarrasin et de Tonneins, et je puis certifier *que la moitié était défoncée, impraticable aux piétons en temps pluvieux;* le piéton, ou le guide des bêtes de hâlage devait donc passer dans un petit sentier qui se trouvait frayé au dedans du chemin, et la corde du hâlage passait par dessus les plantations du dehors, plantations utiles, sans doute, pour la conservation des berges, mais dont la coupe doit être assujettie à des règles fixes et sévères. Enfin et je dois le dire au risque de déplaire et de me mettre à dos MM. les ingénieurs de la Garonne, mais s'il existe de judicieux travaux exécutés par eux, il en est d'autres où l'expérience, l'effet des courans, n'ont pas été suffisamment consultés; en général, le proverbe qui dit : *l'expérience passe science,* ce proverbe est juste, mais il est doublement juste lorsqu'il s'agit d'appliquer cette expérience à des travaux en rivière, où il faut combiner tant d'élémens passés, présens et futurs. Aussi, de simples riverains dépourvus de science, exécutent-ils, quelquefois, des travaux en rivière mieux conçus que les plus habiles ingénieurs; souvent encore, par un désir d'économie qui serait louable s'il était rationnel, MM. les ingénieurs font des travaux insuffisans que la moindre crue démolit, qu'un courant mal calculé tourne et emporte. Telles sont les réflexions qui m'ont été inspirées autant par des observations locales, que par la version *unanime* de propriétaires riverains de la Garonne (2). Un autre grave inconvénient et qui est, peut-être,

(1) Dans le département de Lot-et-Garonne, les propriétaires ont réussi à faire limiter à quatre, cinq, puis à six, le nombre des chevaux de hâlage affectés à chaque convoi; à faire même limiter la grosseur des cordes de hâlage, chose tout-à-fait arbitraire et inconnue sur toute autre rivière, et qui n'a pas même été appliquée dans les autres départemens traversés par la Garonne; à savoir, la Haute-Garonne, Tarn-et-Garonne et Gironde. — En voici la preuve : — Un arrêté du préfet de Lot-et-Garonne, *du 4 octobre* 1827, fixait à 60, au maximum, les fils de la corde du hâlage, sa circonférence à 7 centimètres. Il interdisait l'usage des bœufs; (On les emploie avec succès et sans contradiction dans la Haute-Garonne) et enfin défendait l'emploi de plus de quatre chevaux. — En 1832, on permit cinq chevaux ; en 1839, six !!!

Quand les véritables intérêts du pays seront compris, on laissera encore plus de liberté au hâlage.

(2) Quoique les efforts du gouvernement, pour l'amélioration de la Garonne aient été essentiellement portés dans la partie du fleuve inférieure à Agen, j'ai vu plusieurs ateliers en activité dans la partie supérieure, entre Toulouse et le Tarn; mais tout cela *sans surveillance efficace,* et j'ai eu par moi-même la preuve de ce que les mariniers me disaient : *Que ces travaux, qui ont de bien faibles résultats, doivent coûter beaucoup au gouvernement.*

bien plus du fait de l'administration, que celui de MM. les ingénieurs, c'est que, parmi ceux attachés au perfectionnement de la Garonne, il en est qui cumulent plusieurs services : *Garonne, canal latéral à la Garonne, chemin de fer latéral à ces deux voies fluides!!* Comment veut-on obtenir d'un homme, le plus souvent jeune encore, les connaissances approfondies, l'expérience surtout, qu'exigent autant de branches aussi difficiles que variées; n'est-ce pas s'exposer à ce que chacun des services soit incomplètement satisfait ?

Quoique j'aie établi plus haut par des chiffres authentiques, ou des faits empruntés à l'expérience elle-même, le bon marché et la célérité des transports qui s'effectuent par la Garonne, il est encore une preuve frappante de la régularité de sa navigation que je veux donner à mes lecteurs. Il s'agit du dépouillement que j'ai fait moi-même, sur les registres de la Compagnie marinière l'Union (raison sociale Salz et Marcou, à Bordeaux et Toulouse), de tous les voyages qu'elle a exécutés, par convois, dans le cours d'une année; du 22 novembre 1841 au 19 novembre 1842; je regrette de n'avoir pu prendre le tonnage, mais pour cela, il eût fallu un travail considérable dont je n'ai pas eu le loisir.

Voyages à la descente, effectués de Toulouse à Bordeaux, en		Voyages à la remonte, effectués de Bordeaux à Toulouse, en	
Décembre 1841.	8	Décembre 1841.	7
Janvier 1842.	5	Janvier 1842.	6
Février »	7	Février »	6
Mars »	8	Mars »	9
Avril »	8	Avril »	7
Mai »	8	Mai »	7
Juin »	9	Juin »	7
Juillet »	9	Juillet »	9
Août »	8	Août »	9
Septembre »	9	Septembre »	8
Octobre »	9	Octobre »	9
Novembre »	8	Novembre »	9

Si l'on pouvait opposer à ce tableau un travail analogue, emprunté à la navigation des autres fleuves du Royaume, c'est alors que cette navigation imparfaite et méconnue de la Garonne, brillerait de tout son éclat; telle est du moins la profonde conviction que m'inspire le souvenir de mes nombreux voyages. Mais cette régularité que j'admire dans la Garonne et qui est une des conditions principales pour le transport des marchandises, est encore un bienfait pour les classes marinières; au lieu d'être employées à bâtons rompus, cinq ou six mois de l'année, comme elles le sont sur la Loire, sur l'Yonne, la Saône et la Seine, les mariniers de la Garonne *travaillent toute l'année*; aussi, leurs salaires sont-ils modérés et leurs habitudes beaucoup plus régulières que parmi les classes marinières qui fréquentent les autres rivières; là, le batelier pique les pièces de vins et liqueurs sans aucun scrupule et nonobstant toutes les précautions, *quoiqu'on lui donne du vin à discrétion*; il se nourrit encore avec profusion et recherche; sur la Garonne, j'ai vu les mariniers respecter les liquides qui leur sont confiés, aller acheter du vin pour leur usage, et vivre avec une sobriété exemplaire ; comme j'ai partagé les repas des uns et des autres, je parle encore sur ce point, avec une parfaite connaissance de cause.

La régularité dans la navigation est donc une condition de morale publique, c'est même une question politique ; le Gouvernement a intérêt à se ménager la classe robuste, laborieuse et nombreuse qui s'endurcit à la navigation pénible de nos fleuves et rivières.

Le résumé de toutes ces réflexions sur la Garonne est une recommandation à la sollicitude du Gouvernement, pour l'amélioration *complète* de cette belle rivière, nonobstant la création du canal latéral. Négliger l'une parce qu'on aurait fait l'autre, serait commettre deux grandes fautes au lieu d'une.

Canal latéral à la Garonne.

Lorsqu'un examen approfondi des conditions commerciales de la Garonne m'a fait reconnaître la folie qui a été faite en lui colloquant un canal latéral, j'ai cherché à me rendre compte quels ont pu en être les instigateurs. Etait-ce une pure affaire de coalition entre les Députés du Midi et ceux du Nord et de l'Est, pour faire passer le canal de la Marne au Rhin à l'aide de celui de la Garonne ?

Sans doute ces combinaisons machiavéliques et ruineuses ont eu une grande part à ce déplorable résultat. Cependant, de Toulouse jusqu'à Bordeaux, je n'ai entendu qu'un cri unanime de réprobation sur le canal latéral !

A l'exception de MM. Dugabé et de Garaube, qui ont vivement combattu le projet de loi à la Chambre des Députés, les députations du Midi auraient donc méconnu les instincts des pays traversés par le canal ?

C'est Bordeaux, il n'y a pas de doute, qui a égaré l'opinion du Gouvernement et celle des Chambres, mais je pense avec M. Dugabé, que les Bordelais, s'ils ont cru arrêter la décadence de leur commerce par la création du canal latéral, *se sont complètement fourvoyés.* Cette décadence tient à d'autres causes que l'irrégularité et la cherté des transports intérieurs; elle se rattache d'abord à sa situation excentrique, puis à son éloignement de la mer, aux difficultés de l'embouchure de la Gironde, au peu de sécurité et de profondeur de son mouillage sous les quais de Bordeaux; à ces beaux quais même, qui sont sans doute une condition de salubrité, de grandeur, mais point une bonne condition commerciale.

Mais le canal latéral à la Garonne est *commencé, entrepris sur toute la ligne,* il faut le finir *quand même,* et c'est dans cette opinion que je me placerai à l'égard de ce qui me reste à en dire.

Je n'ai vu qu'en courant ou en naviguant sur la Garonne, les grands, beaux et immenses travaux du canal latéral; je suis persuadé, toutefois, qu'on n'aura à leur reprocher aucune des insuffisances de solidité, aucune des lésineries qui entachent les canaux de 1821 et 1822 (1) ; je n'ai vu de mal entendus que quelques ponts fixes dont les abords anguleux blessent l'œil et pourront compromettre les bateaux.

Les Anglais sont vraiment remarquables pour les abords judicieux de tous leurs ouvrages hydrauliques ; il est malheureux qu'on ne les copie pas sous ce rapport.

Mais la chose qui m'a le plus préoccupé à l'égard de ce canal latéral, c'est son alimentation. Malgré le parfait à propos avec lequel M. Dugabé avait inculpé le projet du Gouvernement, qui réduisait à une seule prise d'eau, à Toulouse, l'alimentation de 200 kilomètres de canal à très grande section, M. Martin du Nord, dans son rapport à la Chambre des Pairs, reproduisit la même faute hydraulique.

Mais les ingénieurs qui ont été chargés de la confection du canal en ont bien vite fait justice. Une seconde prise d'eau dans la Garonne sera exécutée en amont du pont aqueduc d'Agen et, par la même prise d'eau, le canal sera mis en communication avec la Garonne, mesure essentiellement utile et réparatrice! Puis, l'ingénieur de la partie supérieure, étudie deux autres prises d'eau, de manière à diviser en deux ou trois branches, l'alimentation de 120 kilomètres de canal placés entre Toulouse et Agen (2). A la dépense près, cela est fort bien, et les Chambres de 1838 ont seules le droit de se plaindre, car elles ont été trompées.

Mais on va alimenter le canal latéral à la Garonne, avec des eaux qui sont limoneuses à peu près 180 jours de l'année, et l'administration perd de vue, sans doute, les embarras que donnent des eaux pareilles sur l'Escaut, entre Cambrai et le canal de la Sensée, sur la Sambre, entre Landrecies et Maubeuge ; les envasemens continuels du canal de Bourgogne au débouché des prises d'eau dans la Brenne et l'Armançon, ceux du canal latéral à la Loire à sa prise d'eau dans l'Allier, et bien d'autres conséquences semblables dont ma mémoire a perdu la trace; et tous les inconvéniens que je rappelle n'ont pas, à coup sûr, une gravité pareille à ceux que je redoute et que je prévois à l'égard du canal latéral à la Garonne. On a pris des précautions à Toulouse, mais est-ce une chose facile ou possible, que d'épurer dans un bassin exigu, établi aux portes de la ville, quatre mètres cudes d'eau, *par seconde*, qu'on détournera de la Garonne?

Ce malheureux canal latéral n'obligera-t-il point encore le Gouvernement *à mettre en réservoir* des eaux amenées de loin, pour alimenter la navigation avec

(1) Tous ces travaux, ou presque tous, sont faits par adjudication. Ce sont MM. Mellet et Henri, ingénieurs civils, qui ont entrepris la construction de l'admirable pont aqueduc d'Agen.

(2) M. Michel Chevalier, dans son ouvrage de 1843, *sur les Voies navigables des Etats-Unis*, dit, tome 2, page 490 : « Que le canal latéral à la Delaware devait être alimenté exclusivement par les » eaux du Lehigh prises à Earton Mais l'expérience démontra que c'était impraticable; l'eau était » absorbée, presque en totalité, avant d'arriver à l'extrémité du canal. — *On a dû ménager sur le* » *parcours de 96 kilomètres du canal trois prises d'eau intermédiaires.* »

Et il s'agissait d'un canal à petite section : 25 tonnes de charge. — Celui de la Garonne comportera 150 tonnes de charge.

des eaux claires qui n'envaseront point les biefs du canal? Tel pourra bien être
le seul remède efficace à opposer aux envasemens immanquables qui seront produits par l'introduction des eaux limoneuses de la Garonne.

Un autre genre de difficultés qui, m'a-t-on assuré, est venu gravement com-
pliquer la tâche de MM. les ingénieurs du canal, est un accident qui s'est produit
à la rectification du tracé pour abréviation et adoucissement de rampes, de la
route royale de Toulouse à Bordeaux. Il paraîtrait que le percement, fait sans
précautions dit-on, dans le flanc du coteau de Boudon, un peu au-dessous du confluent du Tarn, a occasionné un mouvement général très prononcé, dans la partie du coteau superposée. L'éboulement qui a commencé, menacerait non-seule-
ment le percé de route qui l'a occasionné, mais encore *le chemin de fer qu'on
veut placer entre la route et le canal, puis le canal latéral qui se trouvera établi au-dessous de ces deux voies nouvelles, terre et fer, dans le lit de la Garonne lui-même.* (On repousse le lit du fleuve sur la rive gauche qu'on creuse à cet
effet, apportant les terres du déblai sur la rive droite à l'emplacement que doit
occuper le canal.)

On assure que ce percement malheureux ou maladroit, a été effectué sans le
concours des ingénieurs du canal latéral, ingénieurs qui, ayant acquis une grande
expérience aux canaux latéraux à la Loire et du Nivernais, auraient peut-être
pu, par leurs conseils, prévenir le malheur qui tient en échec, des travaux aussi
colossaux que ceux dont je viens de parler (4 voies de transport de premier ordre, groupées dans un espace de 500 mètres environ, sur le flanc d'un coteau rapide).

S'il y a eu là un vice d'expérience qu'on pouvait prévenir, ce que plusieurs
personnes compétentes m'ont assuré, n'est-il pas déplorable, lorsqu'il s'agit de
grands travaux publics faits côte à côte et simultanément, qui se prêtent un appui
mutuel, qui ont une solidarité aussi grande, que MM. les ingénieurs *du Gouvernement* ne se concertent pas pour la bonne exécution de leurs travaux respectifs?
A quoi sert donc l'unité administrative qui est censée faire le mérite et la force
de la Direction générale des Ponts-et-Chaussées ?

Qu'a fait cette Direction lorsqu'elle a connu l'accident du coteau de Boudon?
Elle a fait passer l'ingénieur qui l'a provoqué, du service ordinaire sur les routes,
au service ordinaire dans le port de Cette. Elle a donc établi en principe, que
le fonctionnaire qui n'avait su ni prévoir, ni empêcher un éboulement, saurait
mieux déployer ses talens dans le port le plus scabreux de la Méditerranée. Cette
solution a tellement étonné les riverains, pour ne pas dire plus, que c'est à cela
que j'ai dû la connaissance d'une circonstance qui, autrement, aurait échappé à
mes investigations (1).

J'ai dit en tête du chapitre consacré à la Garonne : que les travaux du canal
latéral étaient entrepris, à la fois, sur toute la ligne de Toulouse à Castets; je

______

(1) Je ne sache pas qu'un ingénieur des ponts et chaussées ait été disgracié, ou retardé dans son
avancement honorifique, hiérarchique et pécuniaire, par quelque faute ou insuccès. Il semblerait
qu'en principe, aucun ingénieur ne peut faillir, être négligent, paresseux, présomptueux ou im-
prudent?...
Est-ce la manière d'encourager les hommes distingués et dévoués?.

veuxdire les travaux d'art, et, la part faite aux constructions de longue haleine, je pense qu'il eût été bien plus rationnel de commencer par le haut du canal, de finir vite jusqu'au Tarn et successivement jusqu'à Agen; mettre ainsi l'une après l'autre en activité et en rapport les fractions du canal les plus importantes et les plus utiles. Cette marche, qui n'a point été suivie, était d'ailleurs indiquée par le traité passé avec l'administration du canal du Midi, pour la réduction de ses droits; cette réduction sera d'un huitième le canal étant fini jusqu'à Agen, et d'un quart lorsqu'il sera entièrement achevé (1). N'était-il pas urgent d'assurer vite au commerce l'effet de la première réduction, pour arriver plus sûrement à la seconde? D'ailleurs, en commençant par le haut, on aurait étudié, préparé la confection du bas; ces études et l'expérience elle-même seraient venues apporter de salutaires enseignemens, on aurait été à temps d'arrêter la confection de la partie de ce canal, *qui sera inutile.* Mais, il y a lieu de croire que c'est justement ce qu'on n'a pas voulu, lorsqu'on a prescrit l'exécution simultanée du canal *sur toute la ligne à la fois.*

En résumé, si le canal latéral à la Garonne se finit, *s'il parvient à une bonne alimentation,* ce sera une fort belle œuvre qui pourra utilement servir à la remonte des bateaux vides de la rivière et de ceux qu'on chargera partiellement à Bordeaux; mais ce sera une œuvre improductive, financièrement parlant, et ce sont de ces entreprises qui ne pourraient être pardonnées qu'à des Gouvernemens sans arriérés financiers, sans surcharges de contributions, et surtout sans queues de nombreux travaux éparpillés dans tout le Royaume, travaux qui restent imparfaits, *faute de fonds.*

A tous ces titres-là, qu'on a perdus de vue, et ainsi que M. Dugabé l'a dit avant moi, le canal latéral à la Garonne est plus qu'une faute, *c'est une folie.*

____

(1) Je suis persuadé qu'on aurait obtenu du canal du Midi les mêmes avantages de réduction de tarif pour une bonne amélioration du lit de la Garonne. D'ailleurs, l'administration du canal a fait la part du feu, la part de l'opinion à la réduction des taxes, qui a prévalu aux Chambres.

CANAUX DE 1822.

Comparés avec les Canaux concédés en France et en Angleterre,

Et revenu, en 1842, de Canaux Français et Anglais.

———

Quoique la relation qui précède, de mes voyages sur les canaux du Midi, ait plus d'une année de date, mes investigations, faites avec le plus grand soin, à deux époques différentes, en été et en hiver, ne me laissent aucune crainte sur la parfaite exactitude de mon compte-rendu ; j'ai conservé de plus un souvenir très net de tout ce que j'ai vu, et j'ai pu comparer ces voyages dans le Midi, avec celui que j'ai fait, l'hiver de 1843, sur les canaux de Bourgogne et latéral à la Loire, qui sont administrés par l'Etat.

Les réservoirs du canal de Bourgogne ont été terminés pendant la campagne de 1843, et l'aspect de leurs maçonneries est chose admirable ! A la vue de ces énormes murailles, étayées par des contreforts pyramidaux, on est complètement rassuré contre la pression de 19 millions de mètres cubes d'eau qui seront emmagasinés dans les réservoirs les plus vastes qui aient encore été créés. L'alimentation du canal de Bourgogne est donc assurée à son point de partage, mais les infiltrations qui existent à ses deux extrémités, et notamment entre Dijon et la Saône, sont, à certaines époques, la plaie de la navigation. Toutefois, l'Administration n'a apporté à ce vieux mal que des palliatifs tout à fait insuffisans. L'ouverture de la partie du canal entre Dijon et la Saône, date de 1811, de telle sorte que si l'étanchement des biefs n'eût été que l'œuvre du temps (opinion de l'Administration (1), *le temps eût accompli son œuvre*. Malheureusement, il n'en est point ainsi, et, à la réouverture du canal en novembre 1842, lorsqu'on cessait pendant quelques heures l'alimentation des biefs dont il s'agit, *ils se vidaient par infiltration*. On ne peut se faire aucune idée des embarras et retards résultant d'une pareille imperfection. Des bateaux vides expédiés par une maison de Saint-Jean-de-Losne, ont mis 8 jours pour franchir les 3 myriamètres interposés entre Dijon et la Saône.

Pour subvenir à ces infiltrations éloignées, il faut lâcher des réservoirs du point

———

(1) Dans le compte rendu par l'administration des ponts-et-chaussées, sur la situation de ses œuvres au 31 décembre 1841, on lit au chapitre du Canal de Bourgogne, page 121me du rapport : « Que des travaux d'étanchement sont nécessaires pour assurer l'imperméabilité de plusieurs biefs, » *mais que c'est au temps* surtout, qu'il appartient de procurer ces résultats. »

de partage de 150 à 200 mille mètres cubes d'eau par 24 heures : eau qui doit couler entièrement au travers des nombreuses écluses du canal et des passes étroites des ponts. Ce qui se perd de cette eau en route est chose incalculable, il serait plus facile d'apprécier la gêne et le retard que ce torrent factice fait éprouver à la navigation montante.

Il est impossible que le Gouvernement n'avise pas, au plus tôt, à faire cesser un état de choses *aussi barbare* et qui, joint à l'imperfection des aboutissans du canal, la Saône et l'Yonne, a jusqu'ici paralysé l'importance de la plus belle ligne navigable du royaume.

En 1841, il a passé 138,000 tonnes au point de partage du canal de Bourgogne (1).

En 1842, » 114,000 seulement. (Il y a eu 4 mois 21 jours de chômage en 1842.)

En 1843, le tonnage a été de 128,000 au point de partage ; et grâce, à l'achèvement des réservoirs, qui se combinait avec une année pluvieuse, *le chômage n'a duré qu'un mois.*

Mais on était si peu préparé à cette ouverture précoce, les eaux étaient si basses en Saône, jusqu'à la fin d'octobre, que le canal était encore sans circulation un mois après son ouverture.

La Saône, qui a été une cause de cette stagnation, a ses barrages *à peu près* terminés, ce qui reste à faire est fort peu de chose, *mais on ne le termine pas.*

Au reste, les 5 barrages de la petite Saône terminés, on aura de bonnes eaux depuis le Doubs aux canaux de l'Est, sur 5 myriamètres, mais la rivière manquera de profondeur entre Châlons et le Doubs, sur 2 myriamètres, parce que là, on n'a point établi le barrage *qui était nécessaire.*

Une dissertation technique de M. le comte d'Angeville, jointe à mon écrit de 1842, aux pages 92 à 96, avec plan de la Saône à l'appui, met en évidence, fait toucher au doigt cette déplorable lacune. Le hâlage d'un bateau de houille qui, de Châlons aux canaux de l'Est, a coûté 470 fr. en 1842, 320 fr. en 1843, pourra s'effectuer pour 100 fr., lorsque l'amélioration de la Saône sera complète entre le canal du Centre et les canaux de l'Est. Et ce qui est plus important encore, on ne perdra pas, on ne brisera pas la houille, en répartissant sur plusieurs bateaux le chargement d'un seul bateau.

---

(1) La circulation qui a lieu au point de partage du canal de Bourgogne, peut être considérée comme l'équivalent du tonnage ramené au parcours général; on en jugera par ce rapprochement :

Mon écrit de 1842 indique pour le mouvement général du canal de Bourgogne, en 1841, un tonnage de . . . . 147,810 tonnes.

Mais ce chiffre comprend, pour bateaux vides et les bateaux chargés taxés comme vides . . . . 14,390 »

que je soustrais du mouvement général *parce que les bateaux vides ne sont point comptés dans le tonnage du point de partage.*

Ainsi le tonnage des bateaux chargés restera de . . . . 133,420 tonnes, au lieu de 138,000 tonnes, mouvement constaté au point de partage. La différence de 133,000 à 138,000 peut provenir des bateaux chargés payant *comme vides*, dont la charge non imposée aura été estimée. Au reste, les chiffres du tonnage en 1841, 1842 et 1843 sont cités comme mesure du progrès de la navigation et leur provenance est identique : *circulation au point de partage.*

Je ne dirai que deux mots de l'Yonne où le canal de Bourgogne débouche du côté de Paris. Sur 35 barrages projetés, la plupart avec des écluses latérales, cinq seulement sont exécutés mais *sans écluses*, de telle manière que la navigation montante est gênée au lieu d'être facilitée. Un barrage sans écluse est un gradin à franchir; un gradin à franchir, sur l'eau, est un *arrêt*. (Non seulement la navigation est arrêtée, lorsqu'un barrage sans écluse est fermé, mais parmi les 5 barrages *mobiles* exécutés sur l'Yonne, il y en a dont le seuil en saillie sur le fond de la rivière forme gradin, *même lorsque le barrage est ouvert.*)

Voyons maintenant ce qu'il en est du canal latéral à la Loire :

En 1841, le produit *brut* des taxes de navigation est de 455,000 fr. pour un tonnage de 111,000 tonnes, non compris les bateaux vides.

En 1842, ce produit *brut* baisse à 404,000 fr. Le tonnage correspondant m'est inconnu.

Pour 1843, le compte-rendu à la Compagnie le 27 janvier 1844, annonce une diminution sur 1842 !

Voilà, il faut l'avouer, une singulière prospérité ! Cette marche rétrograde est d'autant plus surprenante, qu'en 1843, le canal du Berry qui avait peu fourni jusqu'alors, a commencé à envoyer un assez grand nombre de bateaux sur le canal latéral.

L'eau ne manque pas à ce canal, l'argent n'y a pas manqué pour les étanchemens, comme au canal de Bourgogne, et lorsqu'on circule sur ses bords, on croirait suivre les vastes et belles pièces d'eau d'un parc royal ! Mais le canal latéral à la Loire aboutit à des impasses ; il a, à son extrémité vers Briare, une traversée en lit de la Loire, qui est un véritable écueil.

J'ai assisté pendant toute la journée du 6 janvier 1844 à la traversée en Loire des bateaux qui passaient de Châtillon aux Combles (près Briare), et je n'ai vu aucune amélioration *significative* aux précédentes traversées auxquelles j'avais assisté. Les prix de la traversée ont baissé par l'effet des concurrences (10 fr. et même 8 fr. pour la descente, 40 à 50 fr. pour la remonte) ; mais le danger reste le même ; (1) au reste, voici la mesure de la facilité et des avantages de la navigation de ce beau, de ce magnifique canal latéral à la Loire.

Une compagnie s'est formée à Orléans et à Roanne pour exploiter cette ligne navigable, sous le titre de *Navigation de la haute Loire ; remorqueurs de la haute et basse Loire.*

Le gérant d'Orléans m'a donné son prix courant daté du 1er octobre 1843 ; je vais l'analyser comme je l'ai fait de celui de M. Schertz, de Strasbourg, à la page 22e de cet écrit. Seulement, je ferai observer que d'Orléans à Roanne, sur 33 myriamètres de parcours, il y en a 9 en Loire et 24 en canal. Sur la Loire,

---

(1) J'ai vu, le 6 janvier dernier, un bateau de houille se rompre, à son entrée à l'écluse des Combles. Le prix de la traversée, ainsi que le danger, varient selon la hauteur ou la rareté des eaux; en janvier dernier, on prenait, à la remonte, 1 fr. 50 c. le pouce d'immersion; en avril, ce prix tombe à 1 franc. Pour un bateau immergé à 1 m. 20 (44 pouces), ce serait 66 ou 44 francs; mais à peine navigue-t-on à un mètre de calaison, à la remonte... La traversée est quelquefois impraticable; ce, lors des grandes eaux.

le péage maximum est 3 centimes et demi le myriamètre ; sur le canal latéral ,
ce péage est de 40 centimes ; mais comme les frais de navigation sont plus élevés sur la Loire que sur le canal , j'adopterai pour le parcours total, tant en
Loire qu'en canal , 40 centimes de péage et 17 centimes de frais de navigation,
selon la dépense expérimentée sur les canaux du Midi. C'est un ensemble de 57
centimes de frais , par tonne et myriamètre. En procédant ainsi , il reste 53 centimes et demi (déduction faite du péage) pour les frais de navigation sur la Loire
(C'est un terme moyen entre les frais sur le Rhône et la Saône.—40 et 75 centimes indiqués au chapitre des fleuves et rivières). Ces bases justes et ration-
nelles , ces *bases larges* étant posées , je vais développer mon tableau.

**Extrait du Prix courant, en date du 1ᵉʳ octobre 1843, de la Société
de navigation pour la Haute-Loire, pour le transport de *mille* kilogrammes de marchandises *ordinaires*, prises au port d'Orléans et
rendues *à quai* aux destinations ci-après.**

(*Nota.* — On paiera 10 fr. de plus par 1,000 kilogrammes de déchets de cotons et laines blanches,
40 francs de plus pour 1,000 kilogrammes de caisses de meubles et glaces.)

DESTINATIONS.	PARCOURS désigné.	DURÉE du trajet.	PRIX DE TRANSPORT cotés pour 1,000 kil.	PÉAGES ET FRAIS DE NAVIGATION, pour le parcours spécial, à raison de 57 centimes. le myriamètre	
	kilomètres.	jours.	francs.	francs,	centimes.
Nevers.	180	8	30	10	26
Decize.	212	12	50	12	08
Digoin.	280	14	50	15	96
Roanne	329	14	50	18	75 (1)
Termes moyens.	250 kil. de parcours.	12 jours durée du trajet.	45 fr. prix de la tonne.	14 fr. 25 c. frais censés déboursés.	

(1) Le canal de Roanne, en se prévalant de sa taxe maximum de 40 centimes le myriamètre, éleve-
rait la dépense pour Roanne à 19 francs 85 centimes, au lieu de 18 fr. 75 cent. portés au tableau
ci-dessus. Resterait encore 30 fr. 15 cent. de marge au commissionnaire sur le prix de transport
demandé.

Je vais comparer maintenant la ligne navigable de la Loire à celle du Midi.

Le commissionnaire d'Orléans prend 45 francs, prix moyen de transport pour mille kilogrammes, qu'il rend en 12 jours, à 25 myriamètres distans, sur la ligne navigable d'Orléans à Roanne. — C'est 1 fr. 80 cent. par tonne et myriamètre de parcours, dont 17 centimes sont applicables aux frais de navigation et bénéfice de marinier.

> 40 » en péages.

reste 1 fr. 23 » dont on ne trouve pas la justification et qui représentent des bénéfices ou des frais extraordinaires, pour imperfections de navigation, etc. Et, à ces conditions, la marchandise franchit, *par jour*, 2 myriamètres un douzième.

Sur la ligne navigable de Beaucaire à Toulouse , le patron reçoit 34 francs par 1,000 kilogrammes, pour 36 myriamètres franchis en 15 jours. C'est 94 centimes de prix de transport, par tonne et myriamètre, dont

> 17 centimes pour ses frais de navigation et son bénéfice.

> 77 » qu'il débourse réellement en péages.

Et, à ces conditions, la marchandise franchit, *par jour*, 2 myriamètres 1|2. L'effet utile et comparatif de la navigation, sur les lignes de la Loire et du Midi, peut donc se résumer comme ci-après :

Sur la ligne de la Loire, d'Orléans à Roanne, par tonne et myriamètre de parcours, on paie 1 fr. 80 cent. de prix de transport, avec 40 centimes de péage, et vitesse 2 myriamètres un douzième par jour.

Sur la ligne du Midi, de Beaucaire à Toulouse :

On paie, 0 fr. 94 cent. de prix de transport avec 77 centimes de péage, et vitesse 2 myriamètres 1|2 par jour.

C'est en présence de pareils rapprochemens que, dans un article de *la Presse*, du 1er février 1844, signé Edmond Teisserenc, il est dit :

« Qu'à cette heure, la navigation est beaucoup plus active sur les canaux
» nouvellement achevés de l'Etat, qu'elle ne l'est sur les canaux concédés que
» l'on dit en pleine prospérité, et qui comptent des siècles d'existence. Ainsi, pen-
» dant que les tonnages des canaux du Midi, de Briare, de Loing et d'Orléans,
» n'atteignent pas 110,000 tonnes, le tonnage du canal latéral dépasse ce chiffre,
» celui du canal de Bourgogne, 146,000, etc., etc. »

J'ai dit, plus haut, ce qu'il en était, depuis trois ans, du tonnage du canal de Bourgogne et des produits du canal latéral à la Loire. Par les détails spéciaux, contenus au chapitre de cet écrit relatif au canal du Languedoc, comme par les chiffres du tonnage, *des canaux concédés,* que je vais donner ci-après, on appréciera toute l'étendue des erreurs auxquelles M. Teisserenc se laisse entraî-ner, par l'ardeur qu'il met, soit à couvrir les fautes de l'Administration , soit à faire prédominer son opinion sur l'effet utile des chemins de fer comparé à celui des canaux (1).

Le tonnage du canal du Midi est, pour l'année 1842, de 167,000 tonnes, (2)
    Celui du canal de Briare,   id.,   260,000 »
    Celui du canal de Loing,   id.,   400,000 » } (3)

Ensemble. . . 827,000 tonnes,
ramenées au parcours général de ces canaux.

Si, après les chiffres et les rapprochemens significatifs qui précèdent, il res-

(1) Les chiffres de M. Teisserenc ont une élasticité merveilleuse, selon qu'il veut exalter l'administration des ponts-et-chaussées et les chemins de fer, ou abaisser les compagnies et les canaux. Ainsi l'on vient de lire une citation où il réduit à 330,000 tonnes la circulation de trois canaux de vieille concession qui donne 827,000 tonnes !!! Et à ce chiffre de 330,000 tonnes, qui est erroné de 497,000 tonnes, il oppose les chiffres ci-après du tonnage de canaux gérés par l'Etat : 156,000 t. Centre. 165,000 t. Rhône au Rhin. 146,000 t. Bourgogne. Ensemble 477,000 tonnes.

Mais en 1839, lorsque M. Teisserenc publiait son ouvrage sur les travaux publics en Belgique, lorsqu'il cherchait à faire prévaloir le moyen *coûteux* du transport par les chemins de fer sur celui *très économique* par les canaux, voici les chiffres *mesquins* qu'il indiquait *alors*, page 256, pour le tonnage en 1837 (a), *de ces mêmes canaux de l'Etat, qu'il représente si prospères en 1844.* 72,000 t. Centre. 50,000 t. Rhône au Rhin. 59,000 t. Bourgogne Ensemble 181,000 tonnes.

Voilà donc pour les mêmes canaux, à une ou deux années de distance (1837 à 1839) des chiffres qui diffèrent de 477,000 tonnes à 181,000 tonnes. — Et M. Teisserenc infère de l'insignifiance du tonnage de 1837 « la substitution des chemins de fer, au moyen *suranné* des canaux » L'opinion du publiciste de la presse a trouvé écho en Belgique; car, à la séance de la Chambre belge du 28 février 1844, M. David, député de Verviers, reprochait à M. Dumortier, ancien ministre , « d'être arriéré de 50 ans, d'être en opposition avec l'un des hommes, des ingénieurs les plus re-
» marquables, le savant Teisserenc, qui dit dans son dernier rapport au ministre : *Que les canaux*
» *sont hors d'état de lutter avec les chemins de fer pour le transport des marchandises.* »

(a) J'ai encore pu établir le *tonnage de 1837, ramené au parcours total* des canaux ci-après :
Canal du Centre. . (117 kilomètres). 147,000 tonnes, au lieu des 72,000 tonnes de M. Teisserenc.
   Rhône au Rhin. (360 ») 135,000 » » des 50,000 » id.
   Bourgogne . . (245 ») 108,000 » » des 59,000 » id.

    Total. . . . . 390,000 ton. chiffre réel, 181,000 tonn., chiffre Teisserenc.
Au reste, M. Teisserenc disait encore, à l'appui de ses chiffres erronés : « En France, à une ou deux
» exceptions près, le mouvement annuel des canaux, de *premier ordre*, n'atteint pas 100,000 tonnes, il
» n'est ordinairement que de 60 à 80 mille. » Voici le résumé des erreurs de M. Teisserenc :
  497,000 tonnes d'erreur, quand il compare les canaux gérés par les Compagnies à ceux gérés par l'Etat.
  209,000 tonnes de différence sur le tonnage des trois canaux de l'Etat, selon qu'il les compare aux canaux particuliers, ou qu'il les oppose aux chemins de fer.

(2) Le transit est peu important sur le canal du Midi, et le chiffre de 167,000 tonnes, applicable au parcours total, représente un mouvement effectif de 295,655 tonnes de différentes marchandises qui ont circulé sur le canal, en 1842.

(3) Chiffres résultant d'investigations locales qui sont confirmés par lettres authentiques des administrateurs des Compagnies.

10

tait encore quelque doute dans l'esprit de mes lecteurs, le tableau que je mets d'autre part sous leurs yeux, du revenu net, en 1842, de cinq canaux français de 1821 et 1822, *gérés par le Gouvernement*, et de cinq canaux anglais, gérés par des Compagnies; ce tableau, dis-je, tranchera nettement la question dissidente, (*Voir le tableau annexé*.); car, lorsque pour l'année 1842, on voit cinq des meilleurs canaux, achevés ou commencés en vertu des lois de 1821 et 1822, rendre 43 centimes pour 100 fr. du capital déboursé, et que sur cinq canaux anglais, en présence de la concurrence des chemins de fer que nous n'avons point encore, on peut présenter, pour la même année 1842, un revenu de 34 francs pour 100 fr. de capital déboursé; alors tous les raisonnemens deviennent superflus; on peut hautement dire à MM. les administrateurs du gouvernement : *Commercialement parlant, vous êtes impropres à la gestion des canaux.*

TABLEAU COMPARATIF

Des Canaux Français de 1821 et 1822, sous-mentionnés (A), avec les Canaux Anglais ci-après, ayant la plupart des chemins de fer concurrens.

FRANCE (gestion des Ponts-et-Chaussées.)

DÉSIGNATION DES CANAUX.	COUT approximatif	REVENU NET, en 1842.	DÉPENSES en 1842, EN EXCÉDENT DE REVENUS.	PRODUIT NET par 100 fr. CAPITAL.		PERTE NÈTTE par 100 fr. CAPITAL.	
	millions.	francs.	francs.	francs.	cent.	francs.	cent.
Rhône au Rhin	28	399,000	»	1	42	»	»
Bourgogne	55	536,000	»	0	97 1|2	»	»
Somme et Manicamp	9	174,000	»	1	93	»	»
Latéral a la Loire	31	»	294,000	»	»	0	94
Ardennes	14	»	225,000	»	»	1	60

(A) Sauf l'Oise, rivière améliorée qui a de bons produits, les autres Canaux de 1821 et 1822, ou n'ont qu'une perception partielle, ou cette perception présente des résultats aussi peu satisfaisans que ceux du tableau ci-dessus. — Exemple : les Canaux de Bretagne dont la dépense excède la recette de 977,000 francs ! C'est 1 et 2 p. 100 de perte annuelle sur le capital emprunté en 1822.

PRODUIT MOYEN PAR 100 FRANCS DE CAPITAL

0 franc 43 centimes.

ANGLETERRE (gestion des Compagnies.)

DÉSIGNATION DES CANAUX.	PRODUIT en 1842, PAR ACTION de 100 liv. st.	COURS OFFICIEL D'UNE ACTION DE 100 LIV. STER.			OBSERVATIONS.
		EN 1841.	EN 1842.	EN 1843.	
	livres sterl.	liv. ster.	liv. sterl.	iv. sterl.	
Mersey et Irwell	20	550	500	357 1|2	(1) Les actions de Trent et Mersey étant de 50 livres sterling, le revenu et le cours des actions sont doublés dans ce tableau, pour en ramener la valeur à l'unité de 100 livres sterling qui est adoptée.
Coventry	22	305	293	315	
Trent et Mersey	(1) 65	1080	990	1000	
Oxford	30	575	540	540	
Leeds a Liverpool	34	750	600	670	

PRODUIT MOYEN PAR 100 LIV. STER. de capital 34 livres.

RAPPROCHEMENT.

En France, les cinq meilleurs Canaux de 1821 et 1822 ont produit en 1842 : **quarante-trois centimes de revenu net par cent francs de capital déboursé** { sans aucune addition d'intérêts pour les capitaux fournis depuis 20 ans.

En Angleterre, cinq bons Canaux (il y en a de meilleurs encore : Birmingham, Loughourough, Ereswash) ont produit en 1842 : **34 liv. sterl. de revenu net par 100 liv. actions.**
C'est la proportion de 79 pour 1, c'est-à-dire que les Canaux anglais produisent 79 fois le revenu des Canaux français de 1821 et 1822, cela pour l'année **1842**. Ce qui augmente la gravité de ce rapprochement, c'est la grande section des Canaux français, comparée à la petite ou moyenne section des Canaux anglais, différence de capacité qui comporterait une économie de moitié *pour la France*, sur les frais de navigation en Angleterre. (*Mes expériences m'ont donné environ 17 cent. de frais de navigation sur les Canaux français* **du Midi**, *et 47 cent. pour les mêmes frais, sur la ligne de Londres à Liverpool, cela pour la tonne et le myriamètre.*)

Le revenu brillant de ces Canaux anglais et le péage sur lequel il est assis ont-ils paralysé l'agriculture et le commerce de l'Angleterre? Les faits SONT LA *pour répondre négativement à cette question.*

CONCLUSIONS.

En terminant le chapitre qui précède, j'ai dit que le gouvernement était im-- propre à l'administration commerciale des canaux (1).

Mes conclusions se trouvent ainsi posées, il ne me reste qu'à les déve- lopper.

C'est l'esprit d'association, dégagé de toute alliance avec l'esprit d'agiotage, que j'appelle en aide à la résurrection des canaux français, et la situation des hommes et des choses se prête à merveille à cette résurrection.

Les porteurs d'actions de jouissance des canaux de 1821 et 1822 sont, pour la plupart, des actionnaires primitifs ou de vieux actionnaires de seconde main qui, bon gré mal gré, ont dû faire une étude sérieuse de l'affaire qui leur a été si déloyalement disputée.

Tous ont été plus ou moins découragés par les attaques dont leur partici- pation a été le point de mire; tous auraient été disposés à un sacrifice quel- conque, pour voir cesser un état de lutte qu'ils n'avaient pu supposer. C'est ce qui explique la tendance au rachat qui a été reprochée, avec raison, à quelques- unes des compagnies.

Mais changez leur position, et vous trouverez en eux d'excellens administra- teurs, *et surtout de modérés compositeurs,* ce qui serait chose toute différente si vous rompiez avec ces anciens actionnaires, *pour chercher d'autres fermiers de vos canaux.*

Il faut donc que le gouvernement renonce de bonne foi à cette guerre dé- loyale où il a été engagé, sans trop s'en douter; il faut qu'il reconnaisse cette vérité, qui avait déjà brillé aux yeux de Louis XIV et de son ministre Col- bert, à l'égard du canal du Languedoc, à savoir *« que de pareilles affaires ne*

---

(1) L'Administration centrale, agissant à plusieurs centaines de lieues de distance de la sphère commerciale qu'elle est appelée à réglementer, n'agissant que sous l'influence d'un feu croisé d'intérêts divergens qui la trompent souvent, chacun à l'envi, comment peut-elle arriver à la dé- couverte de la vérité ?—Quelle différence avec des administrateurs intéressés, voyant tout par eux-mêmes, faisant le compte du producteur et du consommateur, et qui, en définitive, voulant des produits, feront toujours prompte et bonne justice de tout ce qui fera obstacle à l'obtention de ces produits.

Voilà ce que l'expérience de nos voisins, *vieillis et enrichis* dans l'industrie, ne prouve que de reste !

» *peuvent être confiées à une régie publique et, qu'à leur égard, il fallait mettre*
» *l'intérêt public sous la sauve-garde de l'intérêt personnel.* »

Alors, il suffira de modifier les lois de 1821 et 1822 en ce qui concerne les actions de jouissance, et d'offrir aux porteurs de ces actions l'achèvement et l'administration des canaux, en retour de l'abaissement des maximums des tarifs d'alors, *en tout ce qu'ils peuvent avoir d'exagéré.*

Il faudra placer ces compagnies sous le contrôle et la surveillance de l'Etat, ce qui est plus convenable et rationnel, que la position inverse résultant des lois de 1821 et 1822.

Les Compagnies, qui sont toutes formées et organisées, emprunteront sur les revenus des canaux, les fonds nécessaires à leur achèvement, ainsi que l'ont déjà fait, à de bonnes conditions financières, d'autres Compagnies de canaux et de chemins de fer.

Et ces emprunts subsidiaires, en général peu importans une fois remboursés, les Compagnies seront substituées au lieu et place du Trésor pour le service des emprunts-canaux de 1821 et 1822, jusqu'à la concurrence des produits nets de ces canaux. En cas d'insuffisance de revenus, c'est le Trésor qui y pourvoira (tel est d'ailleurs le texte de la loi).

Si parmi ces canaux, il en est dont le revenu net puisse accélérer l'amortissement des emprunts (1), ce sera une bonne fortune, non seulement pour les actionnaires, mais plus encore pour les finances du pays, puisqu'on éteindra plus vite une dette constituée en 1821, à 6 p. cent d'intérêt, et, en 1822, à 5 1|2 environ, et que l'Etat arrivera plus vite à la libre possession des canaux. Le taux d'intérêt de cette dette-là ne peut être réduit comme celui du 5 0|0.

Voilà pour le cas où l'on voudrait maintenir les stipulations d'époques et de durée réservées aux porteurs d'actions de jouissance, par les lois de 1821 et 1822. Mais si l'on préférait simplifier le contrat, rapprocher la libre possession des canaux par l'Etat, on pourrait ramener à une époque prochaine, la demi-jouissance des Compagnies qui, dans les termes actuels, ne doit commencer qu'après l'amortissement des emprunts. Ainsi, au lieu de 40 à 70 années de demi-jouissance, qui dateraient de 1858 à 1867, on pourrait accorder seulement 20 à 30 années, qui commenceraient en 1847, époque à laquelle je suppose les canaux et leurs affluens perfectionnés et mis à l'unisson de profondeur.

Puis, si le gouvernement, qui est le gardien de la fortune et de la morale publiques, veut préserver le public de toutes combinaisons d'agiotage qu'on pourrait asseoir sur de nouveaux arrangemens pour les canaux :

(1) Cela pourrait d'autant mieux advenir que les emprunts de 1821-22 ne constituent guère que le *tiers* des sommes dépensées pour la confection des canaux. Leur revenu net n'aura donc à éteindre que le *tiers* du coût de leur établissement.

Qu'il interdise toute vente d'actions à terme, qu'il attache une pénalité ri-rigoureuse à l'infraction de cette mesure.

Tous les honnêtes gens applaudiraient à ces dispositions, car l'introduction du jeu de Bourse, dans le marché des actions industrielles, est une plaie pour l'industrie et pour l'esprit d'association (1).

Le gouvernement a pu, jusqu'à certain point, fermer les yeux sur les marchés à terme qui se font sur les fonds publics, contrairement à la loi, à cause de certains avantages que le crédit public en retire; mais il n'y a aucune comparaison à faire entre les titres ou valeurs de crédit public et les actions industrielles; tout homme sensé peut suivre, au jour le jour, la marche des affaires du gouvernement, tandis qu'il n'y a guère que les gérans et les administrateurs d'une affaire industrielle qui puissent bien suivre et connaître cette affaire; il y aura même, à l'égard de ces initiés obligés, quelques réserves à faire, mais ici, ce n'est point la place convenable pour discuter les stipulations définitives de la transaction dont j'émets le vœu.

Que les Chambres se prononcent contre le rachat des actions de jouissance dont on poursuit, depuis si long-temps, la malheureuse idée. Que le gouvernement ouvre des négociations franches et loyales avec les Compagnies, et je suis convaincu, qu'à la prochaine session, il pourra apporter aux Chambres des accords favorables faits avec toutes les Compagnies.

Si, contre mon attente, il se trouvait des récalcitrans parmi elles, ou parmi leurs actionnaires, c'est alors que viendrait utilement une loi d'expropriation pour cause d'utilité publique.

Cette grande affaire, éclairée comme elle l'est aujourd'hui, en présence d'un gouvernement dont les tendances sont, avec raison, justes et loyales, qui n'a été qu'égaré sur la question, il n'est plus possible de conserver d'inquiétude sur sa bonne et prompte solution.

L'intérêt privé reste sous la sauve-garde de l'intérêt public.

----

(1) Les agens de change près la Bourse de Paris, étant des officiers publics, le Gouvernement n'a qu'à bien vouloir la cessation des marchés à terme, sur les actions industrielles, pour l'obtenir ; il faudrait encore interdire la négociation des actions dont le capital ne serait pas complètement versé. Si de pareilles mesures étaient adoptées, l'ardeur des souscripteurs d'actions serait *singulièrement* refroidie, et les grandes questions des chemins de fer et du progrès de l'esprit d'association *n'en marcheraient que plus sûrement.*

NOTES ADDITIONNELLES.

***

NOTE PREMIÈRE.

L'établissement de chemins de fer latéralement à des canaux, avec péages rémunérateurs, ne doit donner lieu à aucune indemnité en faveur des concessionnaires de canaux. Les précédens de l'Angleterre et ceux de la France elle-même, établissent ce principe.

Pendant qu'on achevait l'impression des feuilles qui terminent cet écrit, le gouvernement a présenté aux Chambres un projet de loi qui demande 50 millions pour la confection d'un chemin de fer qui suivra les vallées de l'Yonne, de l'Armançon et passera par Dijon, ce qui équivaut à dire : *chemin latéral au canal de Bourgoyne.*

En même temps, il m'a été insinué que quelques porteurs d'actions de jouissance de ce canal, se disposaient à provoquer des demandes en indemnité touchant cette concurrence.

Comme il importe au triomphe de la cause dont j'ai pris la défense, d'éviter à mes co-actionnaires toute démarche qui pourrait faire dégénérer, *en tort*, les élémens *de droit* dont ils peuvent se prévaloir jusqu'ici, je veux leur rappeler ce que j'ai écrit, sur le cas dont il s'agit, à la page 56 du complément de mes Études pratiques (1842). Et, alors, j'ignorais tout-à-fait la direction qu'on donnerait au chemin de fer de Lyon.

« D'après des renseignemens que j'ai recueillis en Angleterre, les Compagnies
» de chemins de fer n'auraient pas été obligées, comme cela s'est fait de canaux
» à canaux, *de donner aucune indemnité aux Compagnies des canaux*; il en
» a été de même en France pour les chemins de fer de Saint-Etienne et d'Or-
» léans, placés en concurrence avec les canaux de Givors, d'Orléans et de
» Loing. La question me paraît équitablement résolue en ce sens, que cha-
» cun travaillant avec ses propres moyens, on a dû chercher dans le péage
» le revenu nécessaire pour couvrir les intérêts de la dépense. »

Ce que j'ai dit alors me paraît tout-à-fait approprié à la question soulevée par le projet de loi qui est présenté aux Chambres; car le gouvernement veut mettre à bail, pour 30 ans, le chemin dont il s'agit, et cela sur un tarif rémunérateur ! (1)

***

(1) Je fais abstraction de toutes considérations de tracé, de simultanéité de voies concurrentielles ; je présume que le tracé définitivement arrêté par les Chambres pour le chemin de fer du Midi, sera celui qui conciliera le mieux l'intérêt général.

Je protesterai donc contre toute demande en idemnité qui aurait pour base la concurrence nouvelle, et je signalerai particulièrement à la vigilance de mes co-actionnaires, un fait qui concerne le canal d'Orléans, canal qui reçoit une atteinte toute particulière du chemin de fer rival.

Le chemin de fer qui relie Orléans à Paris n'a que 122 kilomètres de parcours.

Voici le développement de la voie navigable :

6 kilomètres en Loire, où l'on est souvent obligé à des transbordemens, retours d'alléges, retards, avaries et tous les frais qui s'en suivent ;

122 » des canaux d'Orléans et de Loing, canaux de vieille construction où l'on n'a encore fait que peu *des améliorations* que la concurrence des chemins de fer a fait introduire, avec rapidité, sur tous les canaux anglais en rivalité avec ces chemins; (1)

83 » de Seine, où l'on retrouve une partie des inconvéniens qui existent sur les 6 kilomètres de Loire.

211 kilomètres, total du parcours navigable d'Orléans à Paris.

Eh bien ! en présence de cette infériorité de situation, de cette différence de parcours de 122 à 211 kilomètres, les Compagnies d'Orléans et de Loing qui comptent parmi leurs principaux actionnaires ce qu'il y a de plus élevé en France, non seulement n'ont rien demandé, mais elles ont applaudi, aidé, au chemin de fer rival. Cette haute et noble influence s'étendra plus loin encore, et toujours avec la même sollicitude pour les intérêts généraux ; elle poussera au perfectionnement matériel et administratif de la voie navigable, comme le seul vrai élément d'une lutte concurrentielle.

(1) Une lettre du 4 avril 1844, qui m'est écrite du Loiret, par une personne bien placée pour apprécier la concurrence que le rail-way d'Orléans fait aux canaux de Loing et d'Orléans, me mande : « que les vins commencent à se détourner, en fortes parties, de la voie navigable » Dans mes Etudes Pratiques de 1842, je faisais, à la page 75, la réflexion ci-après : « *Attendez une couple d'années, et vous verrez l'effet du chemin de fer d'Orléans sur le canal rival.* »

Quelque facile à prévoir que fût cette concurrence, je m'explique difficilement, toutefois, qu'on l'ait attendue sans se mettre mieux en mesure pour la combattre, et je me demande, si le leurre du rachat des canaux n'a pas aussi fasciné les yeux des administrateurs des canaux de Loing et d'Orléans? Dans le projet élaboré par M. le comte Jaubert, lorsqu'il était ministre des travaux publics, on devait garantir le revenu des canaux particuliers de *Roanne, Briare, Loing et Orléans* pour ramener leurs tarifs à l'uniformité de réductions qu'on voulait introduire sur les canaux de 1821-22, en général. L'expérience du moment prouve déjà que cette garantie de revenus était superflue; la concurrence du rail-way fera justice de toutes ces exagérations de tarifs, et le commerce obtiendra des taxes *raisonnables* sans que le trésor public soit obligé de les acheter; ceci, autant pour les canaux concédés que pour ceux de 1821-22, surtout si l'on veut entrer dans la voie d'administration privée que j'ai indiquée.

C'est animé des mêmes idées et dans les mêmes vues que je repousse, en ce qui me concerne, toute demande en indemnité relative au chemin de fer de la Bourgogne; mais alors, au nom de cet intérêt public, que je respecte lorsqu'il s'élève contre moi, je demande qu'on fasse la part égale, entre l'administration du chemin de fer *en projet* et celle du canal qui desserviront *concurremment* la Bourgogne; je demande que l'une et l'autre voie soient administrées par des Compagnies, et je le demande au nom de l'intérêt public.

Dans l'écrit qui précède cette note, j'ai prouvé : que 5 des meilleurs canaux de 1821 et 1822, administrés par l'Etat, n'avaient produit, en 1842, que 43 centimes pour cent francs de leur coût de construction (page et tableau 74). Il me serait plus facile d'abaisser *encore* ce revenu insignifiant, qu'il ne serait possible aux administrateurs publics de le montrer plus élevé.

J'ai aussi prouvé, à la page 29, que cette même régie publique avait perdu une recette de plus de 4 millions de francs *sur le seul chef des bois tirés d'Allemagne* et qui ont circulé, jusqu'au 1er juin 1843, sur le canal du Rhône au Rhin. Et, encore ici, il me serait bien plus facile d'accroître la somme de cette perte, que de la voir, à bon droit, diminuée par les agens de l'administration; car, de 1833 à 1839, la perception s'opérait sur la longueur des trains, sans égard *ni à la hauteur, ni à la largeur*, et ces deux derniers élémens ont été exagérés tant et plus, chose qu'il me serait encore très facile de prouver. D'ailleurs, tout ce que j'ai écrit sur l'administration du canal du Rhône au Rhin est la preuve la plus accablante qu'il soit possible d'élever à l'égard *de l'imcompétence du gouvernement pour l'administration commerciale des canaux*.

C'est donc au nom de l'intérêt public, autant qu'au nom de la justice, que je demande *parité d'administration entre le canal et le chemin de fer de Bourgogne*, et que je repousse toute instance en indemnité qui me paraîtrait bien moins permise aux porteurs d'actions de jouissance du canal de Bourgogne, qu'elle ne l'eût été aux actionnaires des vieux canaux de Loing et d'Orléans, qui ont tant à redouter de la concurrence du chemin de fer rival.

Si la demande en indemnité portait sur l'emploi d'une des banquettes du canal, pour le placement de la voie ferrée, elle serait motivée sur un dommage (la privation de la coupe des arbres et des produits des francs-bords); sur une gêne assez grave (la circulation du hâlage sur une seule banquette); mais demander une indemnité parce qu'on introduit un moyen de transport perfectionné, à côté d'un plus ancien, ce serait constituer le principe antisocial du dédommagement dû par le progrès à toutes les inventions stationnaires ou surannées.

Oh! je combattrai sans merci, une tendance aussi irrationnelle et rétrograde.

DEUXIÈME NOTE.

Avantages *financiers* des emprunts-canaux 1822, et participation du Conseil d'administration de la Compagnie du canal de Bourgogne à l'égarement de l'opinion sur la question des tarifs.

———

Deux points capitaux restent encore à éclairer sur la question des canaux, points sur lesquels l'opinion publique a été complètement égarée, à savoir :

1° Les avantages financiers qui ont résulté pour l'État des emprunts-canaux contractés en 1822 (1);

2° La part que peut avoir eue l'une des Compagnies prêteuses, dans l'égarement de l'opinion publique, sur la question des tarifs.

Cette note va jeter la lumière sur ces deux points.

Avantages financiers pour l'État des emprunts-canaux contractés en 1822.

———

Dans le tableau qui fait suite, je présente les chiffres des différences qui existent entre la *dépense* occasionnée au trésor public, par ces emprunts-canaux en 1822, et celle qui serait résultée, pour ce même trésor, dans le cas où l'on aurait fait un emprunt en rente *cinq pour cent*, au taux de 84 fr. 30 c., qui est le prix moyen des emprunts 5 0[0, qui ont été contractés *avant et après* les emprunts-canaux. L'extinction de ces deux genres d'emprunt, l'un réel, l'autre supposé, a été calculée au pair, et les différences présentées *sont ramenées, au 1ᵉʳ avril 1844, à l'escompte de 4 0[0.*

(1) Ces avantages sont *nuls*, ou à peu près insignifians, à l'égard des emprunts pour les canaux de 1821 ; mais, je le répète, c'était la première affaire de cette nature, et il fallait y attirer les capitaux par de bonnes conditions. C'est ce qu'on a fait, en 1843, pour les chemins de fer.

TABLEAU.

CANAUX SOUMISSIONNÉS en 1822.	QUOTITÉ des emprunts	TAUX D'INTÉRÊT dé ces EMPRUNTS.		PRIME ANNUELLE servie pendant la durée de l'amortissement.	DEMI-JOUISSANCE après l'extinction des emprunts.	DIFFÉRENCES AU PROFIT DE l'état ramenées au 1er avril 1844.	NOMBRE D'ACTIONS de jouissance émises pour chaque emprunt.	PROPORTION de chaque action de jouis., en l'économie faite par l'état.
	millions.	pour 100 fr.			années.	francs.		francs.
Quatre Canaux..	68	5	44	1¡2 0¡0	40	9,183,540	68,000	135
Bourgogne. . . .	25	5	10	1¡2 0¡0	40	5,976,866	27,200	220
Arles a Bouc.. .	5 1¡2	5	12	1¡2 0¡0	40	1,198,894	6,000	200
Totaux. . . .	98 1¡2					16,359,300	101,200	

Il résulte du tableau ci-dessus que sur 98 millions et demi d'emprunts, le trésor public a obtenu un boni de plus de 16 millions, lorsqu'en même temps il associait l'émulation privée à l'action gouvernementale, et qu'il créait un nouveau levier au crédit public, en faisant diminuer le taux d'intérêt de ces emprunts, par les avantages indirects représentés par l'action de jouissance.

Il était essentiel de faire connaître ce chiffre, qui repose sur des bases incontestables, attendu qu'on a souvent dit que l'action de jouissance était une seconde prime, qu'on cherchait à faire envisager comme un don fait aux actionnaires de 1822, sans aucune compensation.

Eh bien ! ce prétendu don a été payé *seize pour cent* du capital emprunté en 1822.

Maintenant, il est singulier de voir que le canal de Bourgogne, qui a procuré à l'État l'encaisse la plus forte, près de 6 millions sur 25 empruntés, différence qui représente une quote-part de 220 fr. par chaque action de jouissance de ce canal ; il est singulier, dis-je, de voir ces actions se traîner à la bourse de Paris au prix de 100 fr. environ (on les a cotées 97 fr. 50 c. le 9 avril), prix auquel il serait même fort difficile d'en vendre une certaine quantité.

On a vu dans tous mes écrits sur la navigation intérieure, comment les Ponts-et-Chaussées administraient les canaux qu'ils ont construits ; on a vu encore comment ces canaux ont été construits et reliés avec les fleuves et les rivières auxquels ils se rattachaient. Il me reste maintenant à faire connaître la part, qu'à juste titre, on peut attribuer au Conseil d'administration de la Compagnie du canal de Bourgogne, dans le triste résultat financier du canal qui, incontestablement, est le meilleur de tous ceux de 1822.

Conduite du Conseil d'administration de la Compagnie du canal de Bourgogne, à l'égard de la question des tarifs.

Le tarif en vigueur depuis 1840, sur le canal de Bourgogne, est le résultat d'une réduction faite à coups de hache, le 26 avril 1836.

De 88 c. la tonne et le myriam., on réduisit à 40 c. la taxe maxim. de 1822.
De 60   —   —   40   celle des métaux.
De 50   —   —   40   celle des céréales.
De 48   —   —   20   celle des houill. et coke.

C'est une réduction moyenne de 62 à 35 c. Et ce dernier chiffre représente *exactement* le taux de la perception moyenne du canal de Bourgogne en 1842. (Voir page 82 des Études pratiques 1842, d'où résulte un chiffre de 17 c. 1|3 de perception pour cinq kilomètres ; ce qui répond à 34 c. 2|3 par myriamètre.)

Je rappellerai d'abord que la perception moyenne du canal de Languedoc, en l'année 1843, a été de 70 c. la tonne et le myriamètre.

Cette réduction de 62 à 35, sur le tarif légal du canal de Bourgogne, fut faite sur l'initiative du Directeur-Général des Ponts-et-Chaussées (M. Legrand), et en l'absence de toute expérience ; car non seulement le tarif légal de 1822 n'a jamais été appliqué, mais en outre le canal n'était pas complet en 1836, ce dont je n'avais cessé d'avertir la Compagnie. C'est seulement en 1843 que les réservoirs ont été achevés, *et il reste encore à faire des travaux importans et indispensables pour l'étanchement des biefs inférieurs du canal, ainsi que pour une meilleure distribution des eaux, exigences bien connues de l'Administration, ce dont je puis fournir la preuve.* Je ne mentionne que pour mémoire les rivières aboutissant au canal, qu'il faudra bien aussi ramener au tirant d'eau du canal.

Voilà les conditions locales en présence desquelles le Conseil administratif du canal de Bourgogne a accepté un abaissement de taxes de près de moitié, sur les principaux objets de sa circulation.

Nous allons voir maintenant les règles auxquelles ce Conseil administratif avait été assujetti par les statuts annexés à la loi de 1822.

On lit dans l'ordonnance royale du 13 novembre 1822, insérée au Bulletin des Lois, n° 571, page 604, à l'article 16°.

« *Si l'expérience démontre*, soit au Gouvernement, soit à la Société, l'uti-

» lité de convenir d'une modification *de quelque partie* (1) des droits de péage
» attachés au canal ; la décision sera prise, dans l'assemblée générale, sur le
» rapport du Comité. »

Entre autres concessionnaires principaux de 1822, ayant *signé* cette stipulation, se trouvaient MM. Ador. Vernes et *Dassier* et M. *Gabriel Odier*. Eh bien ! MM. Dassier et Odier sont ceux qui, en 1836, ont apporté la coopération la plus active à l'*infraction* de la sage réserve qu'ils s'étaient imposée en 1822, en subordonnant à l'épreuve de l'expérience des modifications graves qui, en effet, ne pouvaient être opportunément faites *en dehors de toute expérience*. Voici la preuve de ce que j'avance :

A l'assemblée du 26 avril 1836, où le Conseil administratif du canal de Bourgogne, présidé par M. Gabriel Odier, proposait les abaissemens des taxes sus-indiqués, un actionnaire (M. H. Lutteroth) demandait qu'on limitât à huit années la durée du consentement au nouveau tarif. Le président, M. Gabriel Odier, répondit :

« Qu'il était plus naturel de conserver le droit de rectifier les fausses taxa-
» tions à mesure que les faits les feront connaître ; qu'*il n'admettra aucun*
» amendement à la proposition, telle qu'elle a été faite par le Conseil d'ad-
» ministration, attendu qu'elle résulte de *pourparlers* avec le gouvernement ;
» que le moindre changement ultérieur romprait *cette intelligence*. »

Quels ont été les gages donnés à M. Odier, par ces pourparlers dont il s'étayait ? il ne les a jamais fait connaître ; et lorsqu'en 1840, on mit en vigueur la taxe de 40 c. *pour les vins,* l'*expérience* avait bien démontré un accroissement soutenu de circulation, avec la taxe provisoire, et jusque-là en vigueur, d'environ 50 c. ! Déjà, j'avais établi ce fait, devant le Conseil d'administration, à la réunion de décembre 1836.

Voilà pour M. Gabriel Odier ; voici maintenant ce qui concerne M. Dassier :

Avant l'assemblée du 26 avril 1836, le Conseil d'Administration avait désigné (assemblée de décembre 1835) trois des principaux actionnaires (MM. Lutteroth, Dassier et Aulagnier) pour étudier les propositions du Gouvernement, et donner leur opinion à cet égard.

MM. Lutteroth et Aulagnier tombèrent d'accord pour qu'on ne les acceptât qu'avec certaines réserves toutes libérales (2), réserves pour réductions *sagement combinées*, réserves pour faire achever et bien administrer le canal, enfin, pour étendre ses produits et le bienfait de son service.

---

(1) Les statuts disent *quelque partie*, et *aux pierres et aux bois près,* on a frappé *en masse* tous les articles tarifés, et sans aucune espèce d'appréciation, au point que le tarif *modifié* du canal de Bourgogne, *est le plus défectueux qui existe.*

(2) J'en fournirai la preuve, au besoin, et je produirai même encore bien d'autres détails sur cette déplorable affaire, détails qui seraient déplacés aujourd'hui.

M. Dassier, tout au contraire, poussait à la destruction des tarifs; en voici la preuve, *que j'ai extraite* du mémoire qu'il adressa, en sa qualité de commissaire, en février 1836, au Conseil d'administration.

Sans indiquer aucun prix pour la taxe de la houille, il supposait que si la taxe était portée, par tonne et myriamètre,

à 30 c., le canal pourrait retirer 180,000 fr. de recette sur la houille d'Épinac;

à 16 c., la perception atteindrait 400,000 fr. — sur les mêmes houilles;

à 10 c., *on pourrait obtenir* 620,000 *fr. de recette sur Épinac* (1) !

Je m'abstiendrai de toutes réflexions sur ces étranges conseils, donnés par un habile financier, dont le nom figurait *au bas* des statuts de la Compagnie, statuts qui érigeaient l'expérience comme le seul guide à suivre pour les modifications à faire *à quelques parties* des droits de péage attachés au canal

Je me bornerai seulement à recommander au Gouvernement, comme mesure d'utilité publique, et par suite de la *cruelle expérience* que j'en ai faite, *d'entourer les Conseils administratifs des Compagnies industrielles d'autres garanties que celles données à la Société anonyme de l'emprunt pour l'achèvement du canal de Bourgogne.* Ce conseil intéresse non seulement la sécurité des familles, mais aussi l'avenir de l'esprit d'association, qui a été bien compromis jusqu'ici par l'esprit d'agiotage, son faux-frère.

TROISIÈME NOTE.

Détail des bases qui ont servi à l'estimation de la différence qui résulte du tableau de la note 2ᵐᵉ, entre les emprunts-canaux *effectués*, et ceux qu'on aurait pu contracter en rente 5 0∣0.

Le 9 avril 1821, adjudication publique de 12,514,220 fr. de rente 5 0∣0, à 85 fr. 55 c., payables en quinze mois, jouissance du 22 septembre 1821; le premier versement devant avoir lieu le 1ᵉʳ octobre.

---

(1) M. Dassier avait cependant été bien averti par ses collègues de commission, que les *seuls* frais d'entretien et d'administration du canal pourraient s'élever à 8 centimes; ainsi, il ne serait resté que 2 centimes de perception nette sur la taxe de 10 centimes !! — On ne peut s'empêcher de reconnaître l'immense progrès de la science financière de M. Dassier, lorsqu'on sait qu'il est l'auteur de la résurrection de la recette sur le canal du Rhône au Rhin, où il a fait appliquer, pour la houille, une taxe de 20 centimes. Or, 20 centimes sur ce canal, où les frais de navigation sont très élevés, équivalent *au moins* à 30 centimes de taxe sur le canal de Bourgogne. Ainsi, en 1843, M. Dassier a fait établir sur le canal du Rhône au Rhin, ce dont je l'ai félicité, *une taxe trois fois plus forte*, de celle qu'il conseillait en 1836, pour le canal de Bourgogne.

Le 10 juillet 1823, adjudication publique de 23,114,516 fr. de rente 5 0[0, à 89 fr. 55 c., payables en vingt mois, jouissance du 22 septembre 1823 ; le premier versement devant avoir lieu le 8 août.

Décompte et moyenne de ces deux emprunts.

PRIX.	JOUISSANCE.	DURÉE DES VERSEMENS.	
Le 1ᵉʳ emprunt à 85 fr. 55 c.	Anticipée de 9 jours.	15 mois.	
Le 2ᵉ emprunt à 89 · 55	Reculée de 45 »	20 »	
Moyennes. · 87 fr. 55 c.	Jouiss. reculée de 36 jours.	17 mois 1[2	} Moyenne de la durée des versemens des 2 emprunts, 8 mois 23 jours.

Il résulte des chiffres ci-dessus que, du prix moyen des deux emprunts, de . . . . 87 fr. 55 c. il faut déduire la bonification de jouissance faite par l'État aux soumissionnaires. . . 8 mois, 23 jours, moins les trente-six jours perdus, par les soumissionnaires, sur l'entrée en jouissance, à. . . . . 1 — 6 —

Les termes de jouissance se réduisent donc à 7 mois, 17 jours.

Ce qui équivaut à une réduction de prix de 3 fr. 25 c.

Le prix d'adjudication, net et moyen, de ces deux emprunts se trouve être réduit à 84 fr. 30 c.

———•❈❂❈•———

Avertissement. — Les tableaux d'amortissement et d'escompte des emprunts-canaux et de l'emprunt rente supposé, dressés par M. Pinsard, mathématicien, sont conservés en minute, et pourront être produits au besoin. Leur publication eût été trop longue ; la masse de chiffres dont ces tableaux se composent eût effrayé le lecteur.

QUATRIÈME NOTE.

Détresse de la batellerie du Nord de la France.

Je reçois de Lille, en date du 9 avril, une lettre d'un marinier nommé Joseph Hupellier, propriétaire d'un bon bateau ponté, sur lequel j'ai fait le voyage de Paris en Belgique. Le patron est un type d'honnêteté, de sobriété et d'ardeur au travail; en un mot, c'est un marinier-modèle. Eh bien! il me mande que c'est à peine si les gains actuels lui permettent de subvenir à ses besoins; et cet homme, marinier dès son enfance, me prie de chercher à lui procurer une place de pontonnier à l'un des ponts tournans que l'on va établir sur la Scarpe, au passage des chemins de fer.

Si Hupellier ne peut pas vivre de son état, à coup sûr les mariniers, ses confrères, se ruinent. Ceci est à bien considérer. Il s'agit de savoir si la France veut conserver une navigation intérieure; et, du train dont vont les choses, avant peu d'années, en présence de la concurrence des chemins de fer, la marine actuelle disparaîtra, et avec sa disparition, *ruines nombreuses, concurrence et moyens de services utiles supprimés.*

Cent jours et plus, pour le voyage *ordinaire*, par eau, de Mons à Paris et retour (1), lorsqu'on pourra faire ce même trajet, en chemins de fer, en quatre ou cinq jours, par convois à petite vitesse!!!

C'est au nom de l'intérêt public, autant que pour l'honneur du pays, que j'adjure le Gouvernement de prendre cet état de choses *en grave considération;* que je l'adjure de mieux surveiller les Compagnies concessionnaires du Nord, de faire compléter les lacunes où le tirant d'eau est insuffisant, d'introduire sur toute la ligne navigable plus d'uniformité dans le jeu des écluses et au passage des ponts, et d'établir une police plus sévère, qui réduira

---

(1) Il ne faut pas confondre la marine ordinaire avec quelques services accélérés qui sont organisés sur la ligne de Dunkerque à Paris, et dont les bateaux marchent, jour et nuit, avec des relais particuliers. — Ce service accéléré gêne beaucoup le service ordinaire qui est considérablement plus nombreux. — Il y aurait quelques mesures à prendre pour concilier les deux choses. Ce qui est certain, c'est que les bateaux ordinaires font, terme moyen, deux voyages par année, et leur personnel est dans une profonde misère. — On peut facilement s'assurer de ces deux points, en faisant une course jusqu'au bassin de La Villette, à Paris.

le nombre des arrêts et déterminera le lieu des stationnemens. Autrement, l'utile et importante marine du Nord sera perdue dès les premières années du début des chemins de fer du Nord. Je ne puis avoir, en cette occasion spéciale, d'autre intérêt que celui de la chose publique; et cet avis n'est que la récidive, *plus instante*, des avertissemens que j'ai déjà donnés, à la même occasion, dans mes *Études pratiques* de 1841 et dans le cours de cet écrit.

www.ingramcontent.com/pod-product-compliance
Ingram Content Group UK Ltd.
Pitfield, Milton Keynes, MK11 3LW, UK
UKHW022250120726
13694UKWH00003B/1022